Berechnung des Eisenbetons gegen Verdrehung (Torsion) und Abscheren

Von

Dr.-Ing., Dr. techn. Ernst Rausch

a. o. Professor an der Technischen Hochschule Berlin
beratender Bauingenieur

Mit 138 Abbildungen im Text

Zweite
neu bearbeitete und erweiterte Auflage

Springer-Verlag Berlin Heidelberg GmbH
1938

Meiner Mutter gewidmet

ISBN 978-3-662-36216-7   ISBN 978-3-662-37046-9 (eBook)
DOI 10.1007/978-3-662-37046-9

Vorwort zur II. Auflage.

Der Inhalt der I. Auflage, die im Jahre 1929 erschien, ist in der vorliegenden II. Auflage mit geringfügigen Änderungen enthalten. Durch Hinzufügen neuer Teile ist das Buch wesentlich erweitert worden.

Zum I. Teil: „Berechnung des Eisenbetons gegen Verdrehung (Torsion)" sind vier lehrreiche, der Praxis des Verfassers entnommene Beispiele (Nr. 9 bis 12) hinzugekommen. Die im Buch enthaltenen Beispiele geben ein Bild über das umfangreiche Anwendungsgebiet des Berechnungsverfahrens. — Erstmalig behandelt ist die Hineinleitung der von außen angreifenden Drehmomente in die Konstruktionsteile. Die Anwendung dieser Maßnahmen zeigt das 12. Beispiel.

Der II. Teil: „Berechnung des Eisenbetons gegen Abscheren" ist ebenfalls erweitert, indem die Berechnungsweise nicht nur für eine Einzellast, sondern für beliebige Laststellungen (beliebiges Querkraftbild) angegeben ist. Es wird auch die Beanspruchungsart des Abscherens mit Hilfe des Mohrschen Spannungskreises erörtert.

Im Januar 1938.

Inhaltsverzeichnis.

Berechnung des Eisenbetons gegen Verdrehung (Torsion) und Abscheren.

Wirkt die Resultierende der äußeren Kräfte in beliebiger Weise auf einen Eisenbetonquerschnitt, dann entsteht im allgemeinen eine Normalkraft mit Biegungsmomenten um die zwei Hauptachsen des Querschnittes und eine Querkraft mit einem von dieser Kraft hervorgerufenen Verdrehungsmoment. Die Aufgabe der Biegung mit Achsialkraft ist in der Literatur ausführlich behandelt; desgleichen der Einfluß der Querkräfte.

Im ersten Teil des vorliegenden Buches wird zur Vervollständigung der Bemessungsverfahren für Eisenbetonkonstruktionen die **Einwirkung der Drehmomente** in allgemeiner Form erörtert. Es sind zunächst allgemeine Gesichtspunkte und Formeln für die Eisenbewehrung zur Aufnahme der Drehmomente entwickelt. Danach wird das Verfahren auf Beispiele angewendet, wobei auch die zusammengesetzte Beanspruchung durch Querkraft und Drehmoment behandelt wird, da in der Praxis in den Fällen der Verdrehungsbeanspruchung fast ausnahmslos auch Querkräfte vorhanden sind.

Anschließend folgt als zweiter Teil eine Abhandlung über die **Bewehrung gegen Abscheren**, eine Beanspruchung, der in der Praxis zu wenig Aufmerksamkeit gewidmet wird. Mit dem Ausdruck „Abscheren" werden hierbei solche Belastungsfälle des Eisenbetonbaues bezeichnet, wobei die Länge des mit Schubbewehrung aufzunehmenden Querkraftdiagramms kleiner ist als der innere Hebelarm des Querschnittes. Auch für diese Beanspruchungsart ist eine einfache Formel hergeleitet und die Anwendung wird an Beispielen gezeigt[1]).

---

[1]) Die vorliegende Arbeit ist großenteils folgenden Abhandlungen des Verfassers entnommen: „Torsionsbewehrung", im Zentralbl. d. Bauverw. 1921, S. 525, desgleichen in der Deutschen Bauzeitung, Konstruktionsbeilage 1922, Hefte 19 u. 20, 1923, Hefte 1 u. 2; ferner „Berechnung der Abbiegungen gegen Abscheren", im Bauing. 1922, S. 211 und „Beanspruchung auf Abscheren im Eisenbetonbau", im Bauing. 1931, S. 578.

I. Berechnung des Eisenbetons gegen Verdrehung (Torsion).

Wir wollen uns zunächst mit der reinen Verdrehungsbeanspruchung befassen (ohne gleichzeitig wirkende Querkraft) und setzen ein auf die ganze Stablänge gleichbleibendes Drehmoment voraus. Zur Aufnahme der Drehspannungen (der schrägen Zugspannungen) muß Bewehrung angeordnet werden. Ist die größte Drehspannung größer als 6 kg/cm²

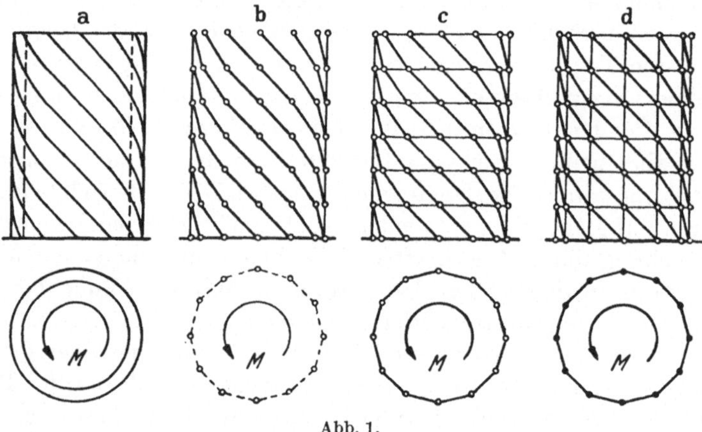

Abb. 1.

(bei Beton mit $W_{b28} \geqq 160$ kg/cm² größer als 8 kg/cm²), dann ist die Aufnahme aller Drehspannungen durch Bewehrung rechnerisch nachzuweisen.

Um die Wirkungsweise der Eiseneinlagen zu ermitteln, denke man sich zunächst einen unbewehrten Betonhohlzylinder — am besten mit Ringquerschnitt —, auf den das Drehmoment M ausgeübt wird (Abb. 1a). Die Hauptspannungsrichtungen verlaufen bekannterweise unter 45° in Spirallinien. Wenn der Baustoff Zug nicht mehr aufnehmen kann, wird es nur in der Richtung der Druckspiralen Widerstand leisten. Das Spannungsbild wird deutlicher, wenn man die Druckspannungen einzelner Spiralstreifen zu Druckkräften vereinigt und den Zylindermantel dementsprechend in kleine Druckstäbe zerlegt, die in der Richtung der Spiralen verlaufen (Abb. 1b). Dieses Gebilde kann dem Drehmoment keinen Widerstand leisten. Es müssen vor allem die auf gleicher Höhe liegenden Knoten mit Zugringen zusammengehalten werden, um die aus dem Richtungsunterschied der Diagonalen hervorgerufenen, nach außen gerichteten radialen Kräfte aufnehmen zu können (Abb. 1c). Auch dieses Gebilde kann noch „aufgedreht" werden. Wirkt nämlich das Drehmoment (wie auch bisher angenommen) dem Uhrzeigersinne entgegen, so werden sich die Knoten — bei gleichbleibender Länge der Diagonalen — nach oben bewegen. Um dies zu verhindern, müssen vertikale Verankerungsstäbe vorgesehen werden (Abb. 1d). Diese aus Bügeln und Längsstäben bestehende Bewehrung wollen wir kurz Bügelbewehrung nennen.

Die unter 45° — rechtwinklig zur Druckrichtung — verlaufenden Hauptzugspannungen können auch unmittelbar durch Zugstäbe ersetzt werden. Auf diese Weise entsteht die Spiralbewehrung.

Auch bei Vollwandquerschnitten kann man die Spannungen — wie auf Abb. 1 — zu Kräften vereinigen, die an einem Zylinder liegen, und

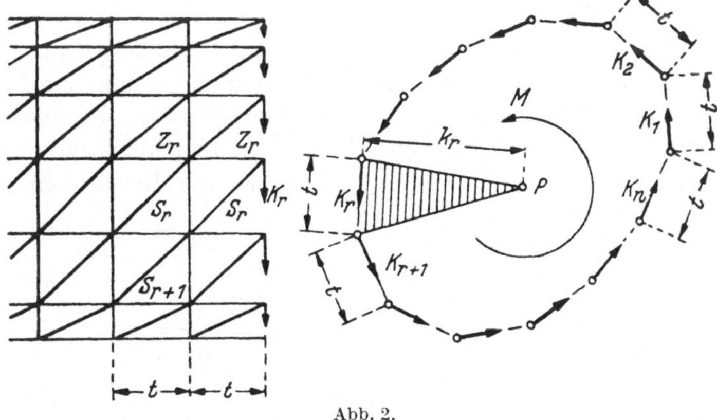

Abb. 2.

das Drehmoment wird — wie vorhin beschrieben — durch einen Fachwerkzylinder mit Eisen-Zug- und Beton-Druckstäben aufgenommen.

Die in Abb. 1 gezeigte Wirkungsweise bleibt auch bei allgemeinen Zylinderquerschnitten bestehen. Der in Abb. 2 dargestellte Fachwerkzylinder mit beliebigem Querschnitt hat Längsstäbe und Bügel im Abstande t. Am freien Zylinderende greift das Drehmoment M an und bleibt auf der ganzen Länge konstant. Die Stabkräfte sollen berechnet werden.

Das Moment wird durch Tangentialkräfte K_r auf das Netzwerk übertragen, die an den Endknoten angreifen. Die Kraft K_r ist gegen den benachbarten Längsstab gerichtet, weil die Stäbe Z_r und S_r — in die sie sich zerlegt — in der Verbindungsebene der benachbarten Längsstäbe liegen. Z_r bleibt auf der ganzen Länge des Zylinders gleich groß, weil sich der Querschnitt und das Moment nicht ändern. Aus demselben Grunde müssen auch alle zwischen zwei benachbarten Längsstäben wirkenden Diagonalkräfte (die denselben Index haben) gleich groß sein.

Die in der Spiralrichtung aneinander geschlossenen zwei Diagonalen S_r und S_{r+1} könnten verschieden groß ausfallen, ihr Verhältnis ist aber bestimmt durch die Bedingung, daß die beiden Kräfte eine in die Bügel-(Querschnitt-)Ebene fallende Resultierende ergeben müssen, da die Komponente in achsialer Richtung infolge der gleichbleibenden Z-Kräfte $=0$ sein muß. Die achsialen Komponenten der Diagonalen müssen daher gleich groß sein, und da auch ihre Neigung dieselbe ist, so folgt, daß auch $S_r = S_{r+1}$. Die mit verschiedenem Index behafteten Diagonalkräfte sind also einander gleich:

$$(1) \qquad S_1 = S_2 = \cdots = S_r = S_{r+1} = \cdots = S_n = S.$$

Da aus der Kraftzerlegung $Z_r = K_r = S_r/\sqrt{2}$, ergibt diese Gleichung auch

$$(2) \qquad Z_1 = Z_2 = \cdots = Z_r = Z_{r+1} = \cdots = Z_n = Z \quad \text{und}$$

$$(3) \qquad K_1 = K_2 = \cdots = K_r = K_{r+1} = \cdots = K_n = K.$$

Dasselbe Ergebnis erhält man auch für die Spiralbewehrung. Das Netzwerk in Abb. 3 besteht dann aus diagonal laufenden Zug- und Druckstäben. Betrachtet man irgendeinen Knotenpunkt dieser Diagonalen, so kann dort Gleichgewicht nur in dem Falle eintreten, wenn alle vier anschließenden Diagonalkräfte gleich groß sind. Die Resultierende der

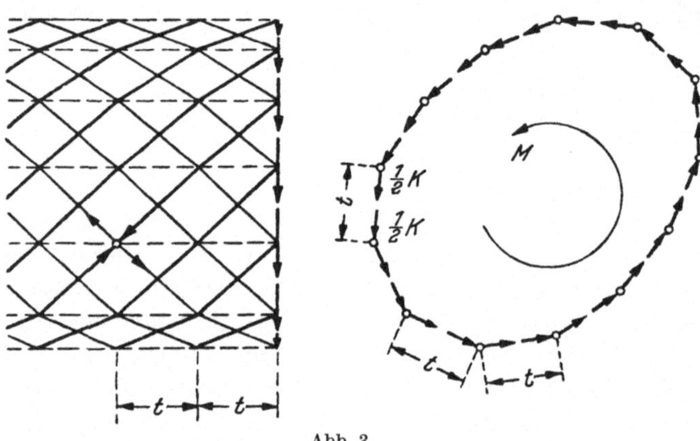

Abb. 3.

beiden Zugdiagonalen muß nämlich in derselben Geraden liegen und ebenso groß — jedoch entgegengesetzt gerichtet — sein, wie die Resultante der beiden Druckdiagonalen. Die erste Bedingung ist erfüllt, wenn die Resultierenden in der Oberflächennormale des betreffenden Punktes liegen, denn in dieser Linie schneidet die Kraftebene der Druckdiagonalen diejenige der Zugdiagonalen. Die Resultierende der beiden Zugkräfte liegt somit symmetrisch zu ihren Komponenten, was die Gleichheit derselben bedingt. Dasselbe gilt für die beiden Druckkräfte. Die beiden Resultierenden sind auch gleich groß, und daraus folgt, daß alle vier Kräfte dieselbe Größe haben. — Aus dieser Überlegung folgt ferner die Gleichheit der angreifenden Kräfte K, wie wir dies auch bei der Bügelbewehrung gefunden haben.

Bei Vollwandquerschnitten bleiben die Randspannungen nicht am ganzen Umfang konstant, ihre Größe steht allgemein in umgekehrtem Verhältnis zum Drehpunktabstand. Man würde daher auch beim Fachwerk eine ähnliche Kraftverteilung erwarten, und das Gleichsetzen aller Kräfte K erscheint widersinnig. Bei näherer Betrachtung werden wir aber sehen, daß hier kein Widerspruch besteht, daß sich vielmehr Gl. (3) unmittelbar aus dem Vollwandquerschnitt herleiten läßt.

Die auf den Flächenausschnitt OAB bzw. $O'A'B'$ (Abb. 4) wirkenden Schubspannungen ergeben die Resultierende K bzw. K'. Da sich das

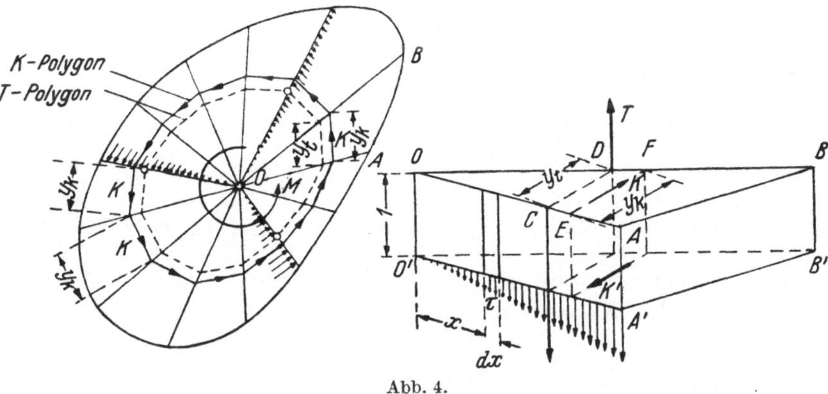

Abb. 4.

Spannungsbild in achsialer Richtung nicht ändert (gleichbleibendes Moment und konstanter Querschnitt vorausgesetzt), muß $K = -K'$ sein, und die beiden Kräfte liegen in einer zur Stabachse parallelen Ebene. Das von diesem Kräftepaar verursachte Drehmoment muß durch ein Kräftepaar T in Gleichgewicht gehalten werden (die Außenfläche $ABA'B'$ ist spannungslos), dessen Ebene zur vorigen parallel steht. Die Kraft T hat in jedem Radialabschnitt dieselbe Größe, und da diese Kraft die Resultierende der auf die Fläche $OAO'A'$ wirkenden Schubspannungen ist (die nicht unbedingt linear verlaufen müssen), so sind die Spannungsfiguren überall inhaltgleich (vgl. Bach, Elastizität und Festigkeit). Die Momentengleichung lautet:

$$(4) \qquad K \cdot 1 = Ty_t = \text{konst. } y_t.$$

Ist das Verteilungsgesetz und damit die Schwerpunktlage der zu den einzelnen Radien gehörenden Spannungen (die Punkte C, D usw.) gegeben, dann kann das T-Polygon gezeichnet werden. Das K-Polygon — die Angriffslinie der Kräfte K — erhält man, wenn aus den Punkten E oder F ein zum T-Polygon parallel laufender Linienzug gezogen wird.

Infolge der gleichlaufenden Polygonseiten ist das Abstandverhältnis der beiden Vielecke überall dasselbe, und so ist

(5) $$y_t = \text{konst. } y_k \quad \text{und}$$

(6) $$K = \text{konst. } y_k.$$

Diese Gleichung besagt dasselbe wie Gl. (3); der zur Aufnahme der Kräfte K auf dem K-Polygon verlegte Fachwerkzylinder wird bei gleicher Knotenteilung durch gleich große Tangentialkräfte beansprucht.

Wir wollen vorläufig annehmen, daß die Lage des K-Polygons (der Querschnittlinie des Bewehrungszylinders) gegeben ist. Um die Größe der Kraft K zu bestimmen, wird dann für einen beliebigen Punkt P des Endquerschnitts (Abb. 2) die Momentengleichung aufgeschrieben

$$\sum_{r=1}^{r=n} K_r\, k_r = K \sum_{r=1}^{r=n} k_r = M\,.$$

Der Summenausdruck kann einfach gedeutet werden:

$$\sum_{r=1}^{r=n} k_r = \frac{2}{t} \cdot \frac{t}{2} \cdot \sum_{r=1}^{r=n} k_r =$$

$$= \frac{2}{t}\left(\frac{1}{2}\cdot k_1\, t + \frac{1}{2}\cdot k_2\, t + \cdots + \frac{1}{2}\cdot k_r\, t + \cdots + \frac{1}{2}\cdot k_n\, t\right) = \frac{2}{t}\cdot F\,,$$

wobei F die vom Bewehrungszylinder umschlossene Fläche bedeutet. Die Gleichung für K lautet daher:

(7) $$K = \frac{M\,t}{2F}\,.$$

Daraus folgt für die Zugkraft in einem Längsstabe:

(8) $$\underline{Z} = K = \frac{M\,t}{2F}\,.$$

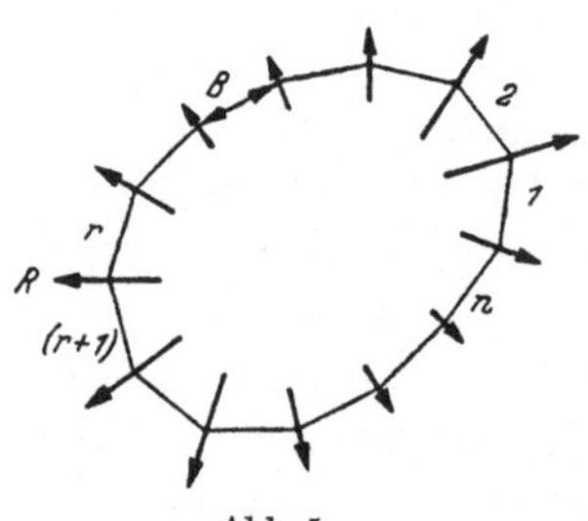

Abb. 5.

Auf die Bügelecke r, $(r+1)$ wirken die in den Querschnitt fallenden Komponenten von S_r und S_{r+1}. Da diese gleich groß sind, so ergeben sie eine winkelhalbierende Resultierende R (Abb. 5). Die Bügelkraft ist daher in den anschließenden Bügelseiten (und auch im ganzen Bügel) überall gleich groß (der Bügel ist aufzufassen als Seilpolygon der Kräfte R). Da die Komponente der Diagonalkraft $= K$ ist, so kann auch für die Zugkraft im Bügel geschrieben werden:

(9) $$\underline{B} = K = Z = \frac{M\,t}{2F}\,.$$

Für die Anordnung der Bügel sei hier noch bemerkt, daß sie die Längsstäbe von außen umfassen müssen, da sie nur dann ihren Zweck, das Ausknicken der Beton-Druckspiralen zu verhindern, erfüllen können.

In den Abbildungen 2—5 wurde die Querschnittlinie des Bewehrungszylinders stillschweigend so angenommen, daß sie keine Einbuchtungen aufweist, daß also die Querschnittfläche des Zylinders von keiner Umfangstangente geschnitten wird. Die Betrachtungen gelten aber ganz allgemein, auch für Querschnitte mit Einbuchtungen, nur werden die Bügel an den einspringenden Ecken (vgl. Abb. 6) durch eine nach innen wirkende Kraft R beansprucht. Um diese von den schrägen Betondruckstreben herrührende Kraft in die Bügel überleiten zu können, muß (wie auch sonst bei Eisenbetonkonstruktionen) eine Schlaufe im Bügel (Abb. 6) oder eine Verankerung (gestrichelte Linien in Abb. 6) vorgesehen werden.

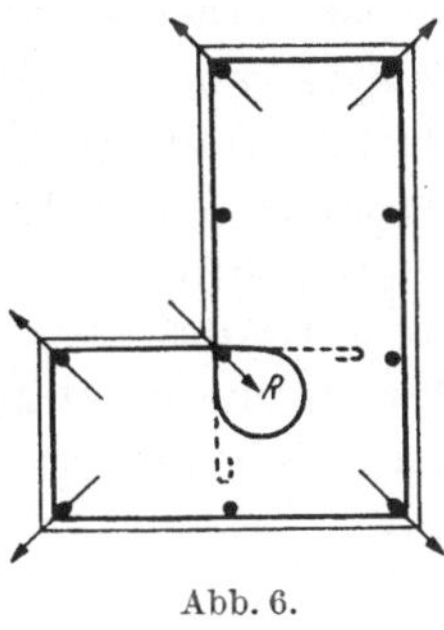

Abb. 6.

Der erforderliche Eisenquerschnitt eines Längsstabes oder eines Bügels ist nach den Formeln (8) und (9):

$$(10) \qquad \boldsymbol{F_e} = F_{el} = F_{eb} = \frac{\boldsymbol{Mt}}{\boldsymbol{2\sigma_e F}}.$$

Das erforderliche Eisenvolumen für die Längeneinheit des Zylinders

aus Längseisen $\qquad V_l = \dfrac{U}{t} \cdot F_e,$

aus Bügeln $\qquad V_b = U F_e \cdot \dfrac{1}{t},$

wobei U den Zylinderumfang bedeutet:

$$(11) \qquad V = V_l + V_b = \frac{U}{t} \cdot 2 F_e = \frac{UM}{\sigma_e F}.$$

Wie groß die Teilung t angenommen wird, ist — für die Wirtschaftslichkeit — belanglos, das erforderliche Eisenvolumen bleibt dasselbe (der Ausdruck für V in Formel (11) ist von t unabhängig).

Unsere Betrachtungen bezogen sich bisher auf gleichen Bügel- und Längseisenabstand. Die Bügel haben lediglich den Zweck, die von den Druckstäben verursachten radialen Kräfte aufzunehmen. Diesen Zweck erfüllen engverlegte Bügel besser als starke Einzelbügel in größeren Abständen (Abb. 7), und so kann auch ein vom Längseisenabstand t abweichender Bügelabstand gewählt werden. Der in Formel (10) gegebene Eisenquerschnitt bedeutet dann den Gesamtquerschnitt

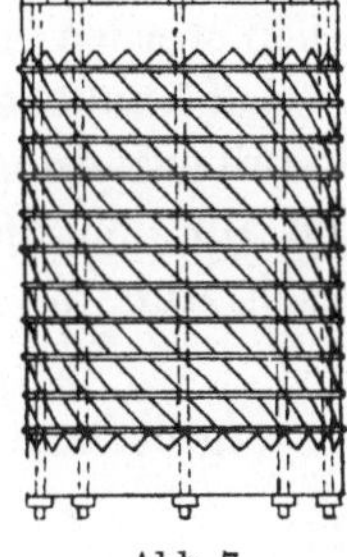

Abb. 7.

der auf die Strecke t entfallenden Bügel. Statt dieses Ausdrucks kann der für die Längeneinheit des Zylinders erforderliche Bügelquerschnitt aufgeschrieben werden:

$$(12) \qquad f_e = \frac{M}{2\,\sigma_e F}.$$

Es ist ferner nicht erforderlich, daß die Verankerungsstäbe gleiche Teilung haben, nur müssen sie bei verschiedenen Abständen verschiedene Querschnitte aufweisen. In der Bemessungsformel Nr. 10 ist dann für t der halbe Abstand der beiden Nachbaranker einzusetzen (t rechnet also von der Mitte des nach der einen Seite vorhandenen Stababstandes bis zur Mitte des nach der anderen Seite vorhandenen Stababstandes, den Bewehrungsumfang entlang gemessen). — Der Gesamtquerschnitt der Längsstäbe ist

$$(13) . \qquad \sum F_{el} = \frac{MU}{2\,\sigma_e F},$$

und der für die Umfangseinheit erforderliche Längseisenquerschnitt ist (wie für die Bügel) f_e nach Formel (12).

Zur guten Verankerung müssen die Längsstäbe um die Haftlänge s verlängert und mit Endhaken versehen werden. Die Abb. 8 veranschaulicht die Verankerung der Längsstäbe. Die Zugkraft Z des Eisens wird durch die Haftspannung auf den Betonmuff von der Länge s übertragen, diese übergibt sie dem Betondiagonalstab, auf welchen auch die vom Drehmoment verursachten Kräfte K wirken (vgl. auch Abb. 2), so daß die Resultierende S entsteht. — Wie wichtig auch die Bügelverankerung

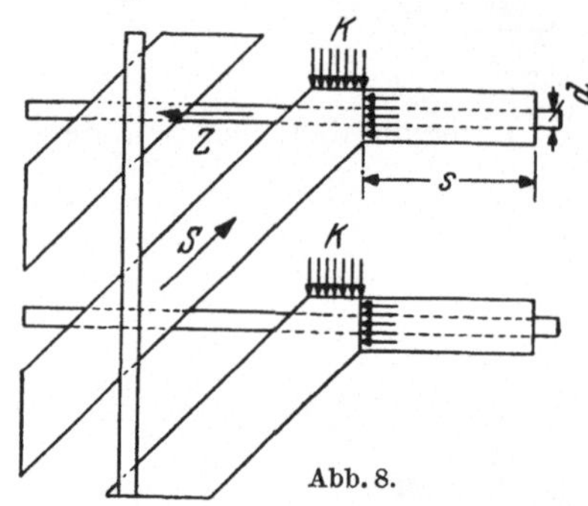

Abb. 8.

ist, zeigen die Versuchsergebnisse des Deutschen Ausschusses für Eisenbeton (Heft 16). Diese Versuche lassen darauf schließen, daß hier die bei den Stützen übliche Bügelverankerung nicht ausreicht und die Bügelenden ebenfalls mit Haftlänge übergreifen und mit Haken versehen werden müssen.

Auf ähnlichem Wege wie für die Bügelbewehrung kann auch für die Spiralbewehrung der erforderliche Eisenquerschnitt ermittelt werden. Die auf den diagonalen Zugstab entfallende Komponente von K ist (nach Abb. 3)

$$Z = \frac{K}{\sqrt{2}},$$

das ergibt mit Hinweis auf Formel (7):

$$(14) \qquad Z = \frac{M\,t}{2\sqrt{2}\,F},$$

und der erforderliche Eisenquerschnitt einer Spirale ist

$$(15) \qquad F_{es} = \frac{Mt}{2\sqrt{2\,\sigma_e F}},$$

wobei t den in der Querschnittebene (also nicht rechtwinklig zur Spirale) gemessenen Abstand der Spiralen bedeutet.

Der erforderliche Gesamteisenquerschnitt ist

$$(16) \qquad \sum F_{es} = \frac{MU}{2\sqrt{2\,\sigma_e F}}.$$

Das erforderliche Eisenvolumen für die Längeneinheit des Zylinders ist

$$(17) \qquad V = \frac{U}{t} \cdot \frac{Mt}{2\sqrt{2\,\sigma_e F}}\sqrt{2} = \frac{UM}{2\,\sigma_e F},$$

d. h. die Hälfte des in Formel (11) für die Bügelbewehrung aufgeschriebenen Wertes.

Vergleicht man die beiden Bewehrungsarten, so ist vor allem zu sehen, daß die Bügelbewehrung zweimal soviel Eisen erfordert als die Spiralbewehrung. In der Ausführung kommt aber dieser Vorteil nicht sehr zur Geltung: um die Spiralbewehrung verlegen zu können, wird man auch dort — aus Montagegründen — Längsstäbe verwenden, und so wird die Eisenersparnis nicht bedeutend sein. Außerdem hat die Bügelbewehrung Vorteile, die das Mehr an Eisen überwiegen:

1. das leichtere Verlegen und damit die Möglichkeit einer sorgfältigen Ausführung; die Anordnung von Spiralbewehrungen bietet in der Praxis fast unüberwindliche Schwierigkeiten;

2. die Bügelbewehrung kann auch entgegengesetzte Drehmomente aufnehmen, während die Spiralbewehrung nur in einer Richtung wirkt;

3. der soeben erwähnte Vorteil besteht auch dann, wenn entgegengesetzte Momente nicht auftreten können. Bei dem Verlegen der Spiralbewehrung muß darauf geachtet werden, in welchem Drehsinne die Spiralen steigen; bei der Bügelbewehrung schaltet dieser Umstand aus.

Aus obigen Gründen wird man bei Ausführungen meistens die Bügelbewehrung vorziehen müssen, obwohl die Spiralbewehrung die wirkungsvollere Art der Drehbewehrung ist, wie auch bei der Schubsicherung die Schrägstäbe wirksamer sind als die Bügel, da die Eisen in der Hauptzugrichtung liegen.

Es wurde bisher vorausgesetzt, daß die Querschnittlinie des Bewehrungszylinders (K-Polygon auf Abb. 4) bekannt ist. Bei Kreis und Ellipse ist die Spannungsverteilung linear und die Schwerpunktlinie der inhaltgleichen Spannungsdreiecke (T-Polygon) ein konzentrischer Kreis bzw. eine konzentrische Ellipse in $\frac{2}{3}$ Rand-Abstand (r) vom Mittelpunkt. Die Entfernung des konzentrischen K-Polygons ist dann $\frac{3}{4} r$ (Pyramide). Bei dem Viereck ist die Spannungsverteilung nur an den zu den Seitenmitten führenden Radien linear, bei den Ecken rückt der Schwerpunkt der Spannungsfläche und damit auch das K-Polygon verhältnismäßig näher zum Mittelpunkt. Der richtige Zylinderquerschnitt hat also hier eine ovale Form. — Bei verwickelten Querschnitten kann die genaue Lage des Bewehrungszylinders — solange die Spannungsverteilung nicht bekannt ist — nicht angegeben werden.

Es kommt aber auch nicht darauf an. Man kann den Beton durch Risse (die unter 45° verlaufen) durchzogen denken, so daß er auf Schub keinen Widerstand mehr zu leisten vermag und nur die schrägen Druckstreben des Fachwerkes liefert. Es ist nun nicht wichtig, daß die Querschnittlinie dieses Fachwerkzylinders mit der Schwerlinie (K-Polygon) des zugehörigen Betonquerschnitts — der ja nunmehr als nicht vorhanden angesehen werden darf — übereinstimmt. Das Drehmoment kann durch einen Zylinder mit anderer Querschnittlinie ebenfalls aufgenommen werden, nur muß natürlich der Zylinderquerschnitt innerhalb des Betonquerschnitts liegen, damit die Betondruckdiagonalen vorhanden sind. — Da das erforderliche Eisenvolumen bei gegebenem M und σ_e mit U/F proportional ist, so wird es wirtschaftlich sein, die Querschnittlinie des Fachwerks nahe zum Betonrande (etwa im üblichen Randabstand) anzuordnen, denn der Zylinderumfang wächst dabei im allgemeinen linear, die umschlossene Fläche aber quadratisch. Wie die Biegungsbewehrung nicht dem Beton-Zugspannungsbild entsprechend, sondern in der Nähe der Außenfläche liegt, so wird die Drehbewehrung ohne Rücksicht auf die Verteilung der Drehspannungen in der Nähe des Querschnittrandes angeordnet.

Es sei noch bemerkt, daß bei gegebenem Umfang U der Zylinderquerschnitt um so günstiger ist, je größer die umschlossene Fläche wird (das Verhältnis U/F wird vorteilhafter; gedrungene Querschnittformen). Ferner, daß bei polygonalen Querschnitten, deren Seiten einen gemeinschaftlichen Kreis berühren, dieser eingeschriebene Kreis als Querschnittlinie gewählt werden könnte, ohne dabei unwirtschaftlich zu konstruieren. Die erforderliche Eisenmenge ist dieselbe, denn es ist (nach Abb. 9):

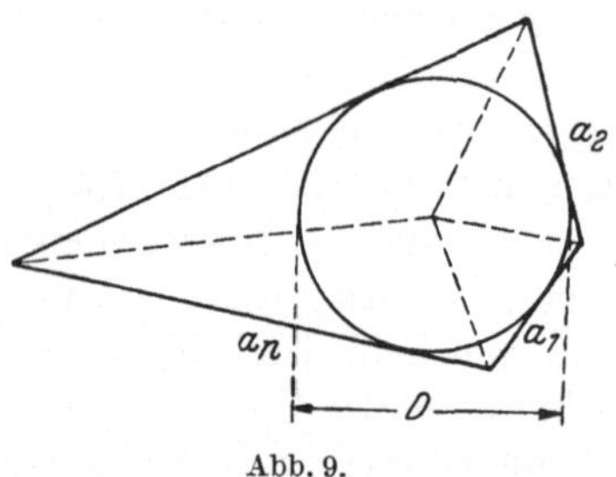

Abb. 9.

$$F = \frac{1}{2}\,a_1\,\frac{D}{2} + \frac{1}{2}\,a_2\,\frac{D}{2} + \cdots + \frac{1}{2}\,a_n\,\frac{D}{2} = U\,\frac{D}{4}$$

und

$$\frac{U}{F} = \frac{4}{D} = \text{konst.}$$

Im folgenden soll die Anwendung der allgemeinen Formeln an einigen Beispielen gezeigt werden, wobei immer noch auf der ganzen Stablänge konstantes Drehmoment vorausgesetzt wird.

1. Kreisquerschnitt (Abb. 10).

$$M = 70000 \text{ kgcm,}$$

$$\tau_d = \frac{16 \cdot M}{\pi \cdot d^3} = \frac{16 \cdot 70000}{\pi \cdot 30^3} = 13{,}2 \text{ kg/cm}^2 > 6{,}0 \text{ kg/cm}^2,$$

$$F = \frac{\pi \cdot d'^2}{4} = \frac{\pi \cdot 25{,}6^2}{4} = 515 \text{ cm}^2$$

(der Einfachheit halber wurde das eingeschriebene Polygon durch den umschriebenen Kreis ersetzt).

a) Bügelbewehrung.

Es sollen 10 Längsstäbe verlegt werden; dann ist

$$t = \frac{\pi \cdot 25{,}6}{10} = 8 \text{ cm}$$

und der Querschnitt eines Längsstabes oder Bügels:

$$F_e = \frac{70000 \cdot 8}{2 \cdot 1200 \cdot 515} = 0{,}455 \text{ cm}^2.$$

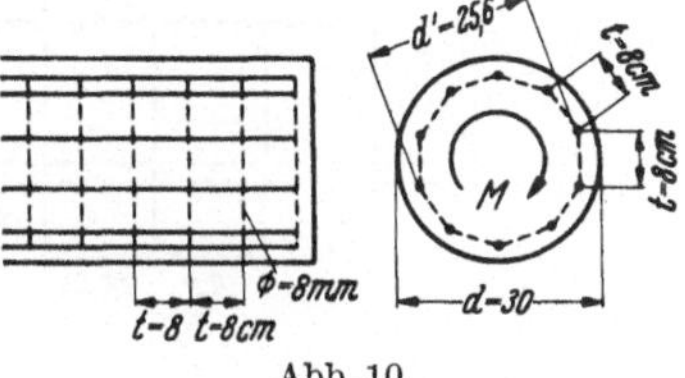

Abb. 10.

Es werden dementsprechend 10 Rundeisen ⌀ 8 mm mit je 0,5 cm² Querschnitt als Längsstäbe verwendet, und die Bügelbewehrung besteht ebenfalls aus ⌀ 8 mm Bügeln, die denselben Abstand haben wie die Längsstäbe. Die verwendete Eisenmenge ist um 10 v. H. größer als die errechnete, weil für die Längseisen nur ganze Stabanzahl in Frage kommt. Bei den Bügeln kann aber die Teilung beliebig angeordnet und der verwendete dem erforderlichen Eisenquerschnitt genau angepaßt werden, indem der Bügelabstand zu

$$8 \cdot \frac{0{,}5}{0{,}455} = 8{,}8 \text{ cm}$$

gewählt wird.

b) Spiralbewehrung.

Es sollen 10 Spiralen zur Verwendung kommen; $t =$ wie vor 8 cm; der Querschnitt einer Spirale:

$$F_e = \frac{0{,}455}{\sqrt{2}} = 0{,}32 \text{ cm}^2$$

verwendet 10 Spiralen ⌀ 7 mm mit je 0,38 cm² Querschnitt.

Bei der Spiralbewehrung kann die verwendete Eisenmenge der errechneten — aus denselben Gründen wie vorhin für die Längsstäbe erwähnt — nicht genau angepaßt werden. Der Vorteil der geringeren erforderlichen Eisenmenge gegenüber der Bügelbewehrung wird ferner dadurch vermindert, daß bei der Ausführung einige Längsstäbe zur Montage verlegt werden müssen.

2. Rechteckquerschnitt (Abb. 11).

$$M = 290\,000 \text{ kgcm},$$

$$\tau_d = \left(3 + \frac{2{,}6}{\dfrac{d}{b} + 0{,}45}\right) \cdot \frac{M}{b^2 \cdot d} = 4{,}3 \cdot \frac{290\,000}{45^2 \cdot 70} = 8{,}8 \text{ kg/cm}^2 > 6{,}0 \text{ kg/cm}^2,$$

$$F = 65 \cdot 40 = 2600 \text{ cm}^2.$$

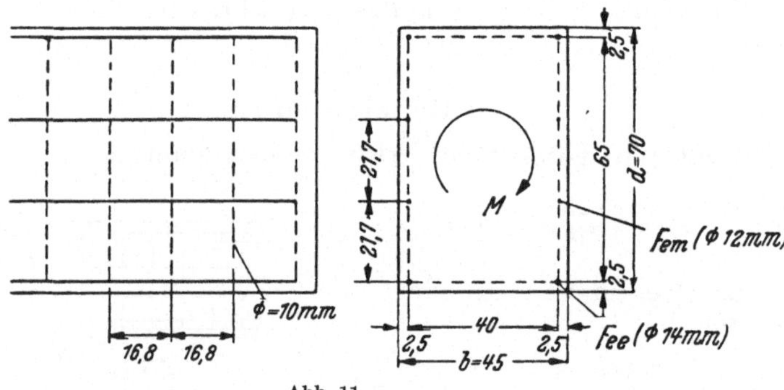

Abb. 11.

a) Bügelbewehrung.

Es sollen an jeder Langseite 4 Stäbe angeordnet werden.

Für die mittleren Stäbe ist dann $t_m = \frac{65}{3} = 21{,}7$ cm,

für die Eckstäbe $\qquad\qquad t_e = \dfrac{21{,}7 + 40}{2} = 30{,}8$ cm.

$$F_{em} = \frac{290\,000}{2 \cdot 1200 \cdot 2600} \cdot 21{,}7 = 0{,}0465 \cdot 21{,}7 = 1{,}01 \text{ cm}^2;$$

verw. je 1 ⌀ 12 mm = 1,13 cm².

$$F_{ee} = 0{,}0465 \cdot 30{,}8 = 1{,}43 \text{ cm}; \quad \text{verw. je } 1 \oslash 14 \text{ mm} = 1{,}53 \text{ cm}^2.$$

Als Bügel sollen ⌀ 10 mm mit 0,785 cm² Querschnitt verwendet werden; der Bügelabstand läßt sich dann wie folgt berechnen:

$$F_e = 0{,}785 = 0{,}0465 \cdot t; \quad t = 16{,}8 \text{ cm}.$$

b) Spiralbewehrung.

Es sollen 4 Spiralen (in jeder Querschnittecke ein Stab) angeordnet werden:

$$t = \frac{65 + 40}{2} = 52{,}5 \text{ cm}; \quad F_e = \frac{0{,}0465 \cdot 52{,}5}{\sqrt{2}} = 1{,}73 \text{ cm}^2;$$

verw. je 1 ⌀ 15 mm = 1,76 cm².

Es können auch 6 Spiralen (wie vorhin Längsstäbe) verwendet werden; nur sind dann die Stabdurchmesser verschieden, und die

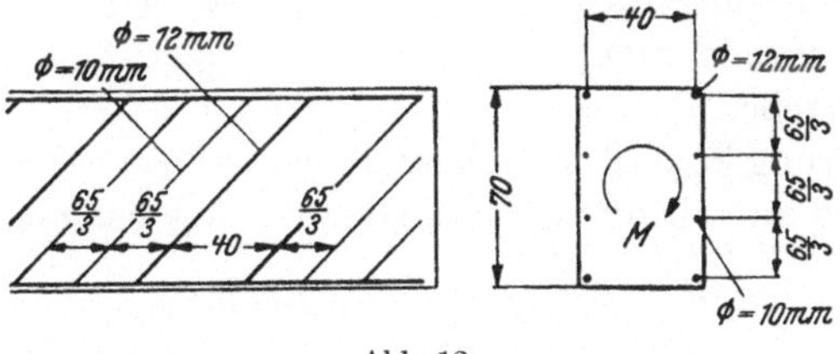

Abb. 12.

Spiralen folgen in verschiedenen Abständen (Abb. 12). Wie bei der Bügelbewehrung ist dann

$$F_{em} = \frac{1,01}{\sqrt{2}} = 0,715; \text{ verw. je } 1 \oslash 10 \text{ mm} = 0,785 \text{ cm}^2,$$

$$F_{ee} = \frac{1,43}{\sqrt{2}} = 1,01; \text{ verw. je } 1 \oslash 12 \text{ mm} = 1,13 \text{ cm}^2.$$

3. Unregelmäßiger Querschnitt (Abb. 13).

$$M = 300\,000 \text{ kgcm.}$$

Die größte Schubspannung erhält man bei Vernachlässigung der ausragenden Querschnitteile, angenähert unter Zugrundelegung einer

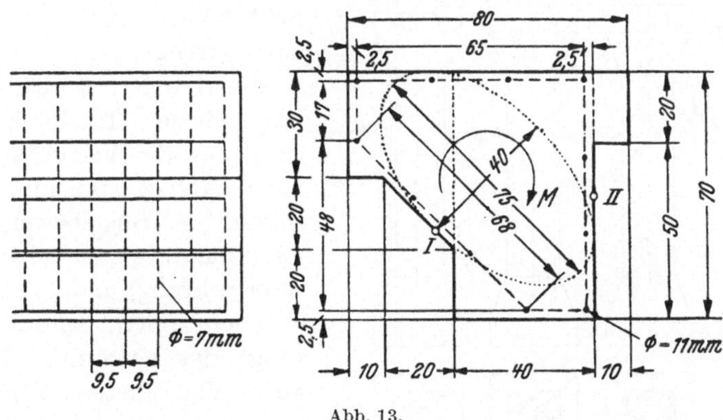

Abb. 13.

eingeschriebenen Ellipse mit den Abmessungen $b = 40$ cm, $h = 75$ cm im Punkte I zu:

$$\tau_{dI} = \frac{16\,M}{\pi\,b^2\,h} = \frac{16 \cdot 300\,000}{\pi \cdot 40^2 \cdot 75} = 12,7 \text{ kg/cm}^2$$

oder unter Zugrundelegung eines Vierecks mit $b = 40$ cm; $d = 70$ cm im Punkte II, angenähert zu:

$$\tau_{dII} = \left(3 + \frac{2,6}{\frac{70}{40} + 0,45}\right) \frac{300\,000}{40^2 \cdot 70} = 11,3 \text{ kg/cm}^2.$$

Da die Spannungsgrenze überschritten wird, so ist die Bewehrung rechnerisch zu bestimmen.

Die Querschnittlinie des Fachwerkzylinders wird der Einfachheit halber dem Betonrand nicht genau angepaßt, sie ist in der Abbildung gestrichelt angegeben.

Spiralbewehrung kommt bei solch unregelmäßigem Querschnitt nicht in Betracht, und so soll nur für Bügelbewehrung bemessen werden.

$$F = 65^2 - \frac{48^2}{2} = 3070 \text{ cm}^2.$$

Die Längsstäbe erhalten zur Vereinfachung alle denselben Durchmesser; die Bemessung erfolgt dann nach dem größten Stababstand:

$$t_{\max} = \frac{68}{3} = 22,7 \text{ cm}; \quad F_e = \frac{300\,000 \cdot 22,7}{2 \cdot 1200 \cdot 3070} = 0,925 \text{ cm}^2;$$

$$\text{verw. je } 1 \oslash 11 \text{ mm} = 0,95 \text{ cm}^2.$$

Als Bügel sollen $\oslash$ 7 mm mit 0,385 cm² verwendet werden. Ihr Abstand beträgt $22,7 \frac{0,385}{0,925} = 9,5$ cm .

Zur Bestätigung des Rechnungsganges stehen die im 16. Heft des Deutschen Ausschusses für Eisenbeton sowie die im Buche: „Der Eisenbetonbau" von Mörsch (I. Bd., 2. Hälfte) veröffentlichten Versuchsergebnisse zur Verfügung.

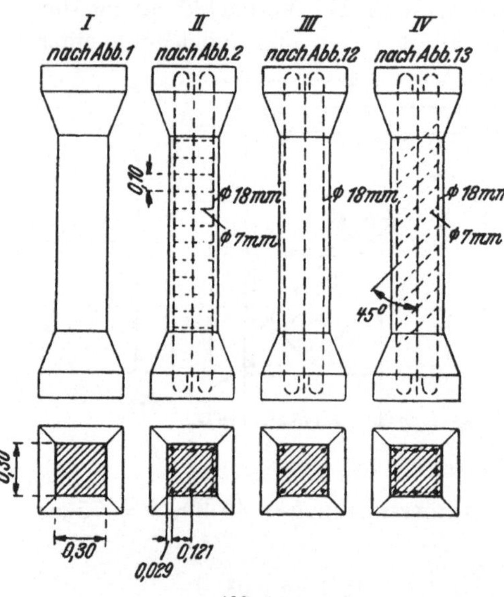

Abb. 14.

Im Heft Nr. 16 weisen ausgesprochene Torsionsbewehrung nur die Versuchskörper nach Abb. 2 (Quadratquerschnitt, Bügelbewehrung), 13 (Quadratquerschnitt, Spiralbewehrung) und 17 (Rechteckquerschnitt, Spiralbewehrung) des genannten Heftes auf. Von diesen Versuchskörpern eignen sich die beiden erstgenannten auch zum Vergleich zwischen Bügel- und Spiralbewehrung, und so wollen wir vor allem diese besprechen. Dazu wird auch das Heranziehen der Versuchskörper nach Abb. 1 (unbewehrt) und 12 (nur Längsstäbe) erforderlich sein. In unserer Abb. 14 sind die vier Probekörper (die alle dieselben Betonabmessungen haben) wiedergegeben.

Betrachten wir zunächst den spiralbewehrten Körper *IV*, der am Schluß des Versuches 300000 kgcm trug. Bei diesem Endzustand war die Betonüberdeckung der Spiralen auf der ganzen Länge des Versuchskörpers abgeplatzt und auch der Betonkern offensichtlich von Schubrissen vollkommen durchzogen, so daß dieser gegen Verdrehung keinen Widerstand mehr leisten konnte (die in der Abb. 55 des genannten Heftes gezeigte Verdrehung kann ein intakter Betonkörper nicht mitmachen), und so mußte das Moment lediglich durch die nicht gerissenen Spiralen in Verbindung mit den parallel zu den Rissen verlaufenden Betondruckkörpern aufgenommen werden. Die Spannung in den einzelnen Spiralen beträgt auf Grund der Gleichung (15) mit $t = 12,1$ cm, $F_e = 0,40$ cm^2, $F = 24,2^2 = 586$ cm^2:

$$\sigma_e = \frac{12,1}{2 \cdot \sqrt{2 \cdot 0,4 \cdot 586}} \cdot 300000 = 0,0182 \cdot 300000 = 5460 \text{ kg/cm}^2.$$

Die Streckgrenze des verwendeten Eisens wurde zu ~ 4000 kg/cm^2, die Zugfestigkeit zu ~ 5900 kg/cm^2 ermittelt (S. 12 des Heftes). Die obenerwähnte große Verdrehung des Körpers läßt erkennen, daß die Streckgrenze der Spiralen überschritten war, die Zugfestigkeit aber nicht erreicht wurde, da die Stäbe nicht gerissen sind. Der ausgerechnete Spannungswert steht auch tatsächlich zwischen Streckgrenze und Zugfestigkeit, zeigt also befriedigende Übereinstimmung mit der Versuchsbeobachtung.

Einen weiteren Beweis für die Richtigkeit der Rechnung liefert derselbe Versuchskörper auf Grund folgender Überlegung:

Das Fortschreiten der Rißbildung bei Vergrößerung der Last ist auf den Abb. 60—66 des Heftes übersichtlich wiedergegeben; während sich beim Körper *III* (ohne Spiralbewehrung) die ersten Risse sofort zu Bruchfugen erweitern (Abb. 48—51 des Heftes), tritt hier eine Vergrößerung der Risse nicht ein; sie vermehren sich nur bei fortschreitender Last, offenbar infolge des Vorhandenseins der Bewehrung, wie dies auch bei Biegeproben der Fall ist. Es ist anzunehmen, daß sich die Risse erst beim Auftreten der Eisenstreckgrenze öffnen und vertiefen können, daß somit der umschlossene Betonkern bis zur Streckgrenze der Spiralen nahezu mit dem vollen Querschnitt mitwirkt, dann aber plötzlich versagt. Kurz vor dem Bruch wird also der Betonkern nahezu dasselbe Moment tragen wie der Körper *III* ohne Spiralen. Das Bruchmoment betrug für Körper *IV* (S. 67) 407000 kgcm, dasjenige für Körper *III* (S. 65) 197000 kgcm. Auf die Spiralen entfallen daher im Zeitpunkt des Bruches etwas mehr als 210000 kgcm. Die Spannung in den Spiralen ist somit etwas mehr als

$$\sigma_e = 0,0182 \cdot 210000 = 3830 \text{ kg/cm}^2;$$

also beiläufig die Streckgrenze, wodurch für die Richtigkeit der Formel ein neuer Beweis erbracht wurde.

Bei dem durch Bügel bewehrten Versuchskörper *II* war das Bruchmoment (S. 8) 288000 kgcm. Zählt man auch hier auf Grund der vorgehenden Überlegung das Bruchmoment des unbewehrten Körpers *I* mit (S. 4) 188500 kgcm ab, so ist der Momentanteil der Eiseneinlagen etwas mehr als 100000 kgcm. Der Querschnitt eines Längsstabes beträgt 2,54 cm², und so ergibt sich die Spannung in den Längsstäben [nach Formel (10)] zu

$$\sigma_{el} = \frac{100000 \cdot 12,1}{2 \cdot 2,54 \cdot 586} = 406 \text{ kg/cm}^2.$$

Es waren Bügel ⌀ 7 mm mit 0,38 cm² Querschnitt in 10 cm Abständen angeordnet; die Spannung in den Bügeln beträgt dann

$$\sigma_{eb} = \frac{100000 \cdot 10}{2 \cdot 0,38 \cdot 586} = 2230 \text{ kg/cm}^2.$$

Die Streckgrenze wurde somit nicht erreicht; der Bruch erfolgte hier offenbar infolge Aufbiegens der Bügelenden, wie dies aus Abb. 7 und Text auf S. 8 des Heftes hervorgeht. Dieses Aufbiegen ermöglichte —

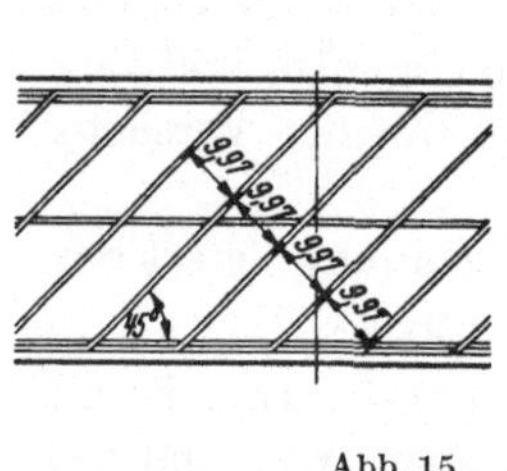 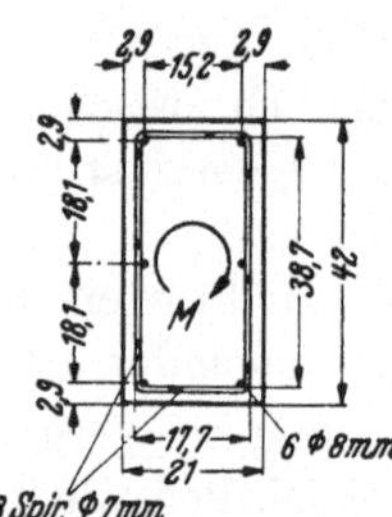

wie die Streckgrenze beim spiralbewehrten Körper — die Erweiterung der Risse und damit das Versagen des Betonkernes.

Das mangelhafte Verhalten der Bügelbewehrung lag daher an der ungenügenden Bügelverankerung; auch war

Abb. 15.

die Bewehrung nicht entsprechend gewählt; die Bügel waren zu schwach im Verhältnis zu den Längsstäben.

Es soll noch kurz der Versuchskörper nach Abb. 17 (Rechteckquerschnitt nach unserer Abb. 15, mit Spiralen und Längsstäben) besprochen werden. Das Bruchmoment betrug (S. 75) 371000 kgcm, das Bruchmoment des Versuchskörpers nach Abb. 16 des Heftes, der keine Spiralen, sonst aber genau dieselbe Ausbildung hatte, war (S. 73) 163000 kgcm. Auf die Spiralen entfallen also etwas mehr als 208000 kgcm. Die Spannung in den Spiralen beträgt somit

(bei $t = 9,97 \cdot \sqrt{2} = 14,1$ cm; $F_e = 0,41$ cm²; $F = 38,7 \cdot 17,7 = 685$ cm²)

etwas mehr als:

$$\sigma_e = \frac{208000 \cdot 14,1}{2 \cdot \sqrt{2} \cdot 0,41 \cdot 685} = 3680 \text{ kg/cm}^2,$$

ergibt also wie beim spiralbewehrten Körper *IV* die Streckgrenze und bestätigt die Formel auch für länglichen Querschnitt.

Es soll noch kurz auf die im genannten Werk von Mörsch angeführten Torsionsversuche eingegangen werden. Es handelt sich um Beton-Vollzylinder mit Kreisquerschnitt, die mit Spiral- bzw. Bügel-(Ring-) Bewehrung versehen waren. Die zur Bestimmung der Eisenspannung von Mörsch angewendeten Formeln sind als Sonderfälle der hier abgeleiteten allgemeinen Formeln zu betrachten, wodurch die hier entwickelte Berechnungsweise von anerkannter Seite unterstützt wird. Während bei der Spiralbewehrung die Eisenstäbe gut ausgenutzt werden konnten, zeigte sich bei den bügelbewehrten Körpern eine verhältnismäßig geringe Widerstandsfähigkeit. Mörsch nimmt als Ursache der früheren Zerstörung die weitgehende Verdrehung an, die wegen der Dehnung der Längsstäbe eintreten mußte. Es ist ohne weiteres zuzugeben, daß die Spiralbewehrung wirksamer ist, da hierbei die in der schiefen Zugrichtung liegenden Stäbe die Betonzugkräfte unmittelbar aufnehmen und nicht so große Formänderungen zulassen wie die Bügelbewehrung. Für das ungünstige Verhalten der bügelbewehrten Körper ist aber meines Erachtens weniger die größere Formänderung als vielmehr der Umstand maßgebend gewesen, daß die Bügel (Ringe) abwechselnd auf der Außen- und Innenseite der Längsstäbe angeordnet werden. Die Bügel sollen das Ausknicken der Beton-Druckspiralen verhindern und können ihren Zweck nur dann richtig erfüllen, wenn sie dieselben von außen umfassen. Da die Druckspiralen von den Längsstäben erzeugt werden (Abb. 8) und infolgedessen in der durch die Längsstäbe gelegten Zylindermantelfläche wirken, so sind Bügel innerhalb der Längseisen theoretisch unwirksam.

Bei dem hier gegebenen Bemessungsverfahren wurde bisher reine Verdrehung vorausgesetzt, daß also der Querschnitt nur durch ein Drehmoment ohne Querkraft beansprucht wird. Bei den Bauwerken tritt dieser Fall kaum auf, es kommt vielmehr fast ausschließlich die zusammenwirkende Beanspruchung durch Drehung und Schub in Betracht, da das Drehmoment in der Regel durch eine außermittig wirkende Querkraft hervorgerufen wird.

Dieser Umstand ändert nichts an den bisherigen Betrachtungen: es ist eine Schubsicherung nach den bekannten Regeln und außerdem eine Drehbewehrung nach den hier gegebenen Gesichtspunkten anzuordnen.

Das Drehmoment wird außerdem in der Regel nicht auf die ganze Stablänge gleichbleiben. Auch das ändert nichts an dem abgeleiteten Bemessungsverfahren. Im Bereiche der kleineren Drehmomente werden weniger oder schwächere Bügel genommen, man kann den Bügelabstand den Momenten anpassen. Bei den Längsstäben und Spiralen ist das nicht so leicht möglich, man wird meistens so vorgehen, daß bei Verringerung des Drehmomentes auf den halben Wert jeder zweite Stab aufhört. Die Enden dieser aufhörenden Stäbe müssen jedoch um die Haftlänge in den weniger beanspruchten Teil hineingreifen und mit Endhaken versehen werden.

Um zu bestimmen, ob ein rechnerischer Nachweis der Schub- und Drehbewehrung erforderlich ist, muß die aus Querkraft und Drehmoment sich ergebende größte Schubspannung ermittelt werden; nur wenn diese $\leqq 6$ kg/cm² (8 kg/cm² bei hochwertigem Beton), kann auf einen Nachweis verzichtet werden.

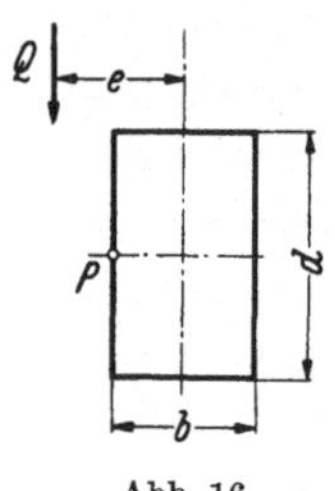

Abb. 16.

Die größte Schubspannung tritt an dem zur Querkraft näher liegenden Querschnittrande auf und ist in den einfacheren Fällen leicht zu bestimmen. Bei dem hochkant gestellten Rechteckquerschnitt mit lotrechter Querkraft (Abb. 16) fällt z. B. die Stelle der größten Drehspannung (τ_d) mit derjenigen der größten Schubspannung (τ_q) zusammen, und man erhält für den Punkt P:

$$\tau_{\max} = \tau_{q\max} + \tau_{d\max} = \frac{Q}{b \cdot z} + \psi \frac{Q \cdot e}{b^2 \cdot d} \, ;$$

wird für den inneren Hebelarm $z = \infty \, \tfrac{7}{8} \, \tfrac{9}{10} \, d = \infty \, \tfrac{3}{4} d$ und für $\frac{Q}{bd} = \tau_0$ gesetzt, so ist $\tau_{\max} = \tau_0 \left(\frac{4}{3} + \psi \frac{e}{b} \right)$, wobei $\psi = 3 + \dfrac{2{,}6}{\dfrac{d}{b} + 0{,}45}$ (s. Bach, Elastizität und Festigkeit).

Ist die Kraftrichtung unter einem Winkel zur Symmetrieachse geneigt, dann treten die beiden Größtwerte nicht in ein und demselben Randpunkt auf und ihre Zusammenziehung ergibt eine zu große Spannung. Liegt außer einer beliebigen Kraftrichtung auch noch ein unregelmäßiger Querschnitt vor, so sind die Verhältnisse sehr verwickelt, es soll jedoch trotzdem versucht werden, auch für solche allgemeine Fälle wenigstens einen zuverläßlichen Maßstab für die größte Randspannung zu finden.

Die verwickelte und zum Teil ungelöste Spannungsverteilung bei Drehung und Schub läßt es nicht zu, eine allgemeine Formel für die größte Randspannung bei beliebigen Querschnitten aufzustellen. Nur bei Kreis- und Ellipsenquerschnitt folgen die Spannungen einfachen Gesetzen, und so muß die Untersuchung auf den Ellipsenquerschnitt — als den allgemeineren der beiden — beschränkt werden. Diese Einschränkung verhindert nicht die allgemeine Anwendbarkeit des hier zu gebenden Verfahrens, sie bedeutet nur eine mehr oder weniger große Ungenauigkeit zugunsten der Sicherheit, indem bei einem beliebigen Querschnitt die ausspringenden Ecken und Lappen vernachlässigt werden und nur eine eingeschriebene Ellipse — als zuverlässige

Berechnungsbasis — in Betracht gezogen wird. Bei dem 3. Beispiel für die reine Verdrehung haben wir von dieser Vereinfachung schon Gebrauch gemacht; auch wird z. B. in Foersters Taschenbuch für die Berechnung der Drehspannungen der eingeschriebene Kreis vorgeschlagen.

Die Aufgabe ist somit, die Randspannungen eines mit außermittig wirkender und beliebig gerichteter Querkraft beanspruchten Ellipsenquerschnitts (Abb. 17) zu bestimmen. Die Schubkraft zerlegen wir in ein Drehmoment $(Q \cdot e)$ und zwei in den Hauptachsen wirkende Querkräfte (Q_x, Q_y); der Einfluß dieser drei Komponenten wird gesondert untersucht.

Die vom Drehmoment verursachten und zu einem Halbmesser gehörenden Spannungen sind bekanntlich zur Randtangente parallel gerichtet und wachsen nach außen linear. Zur Bestimmung der Spannungsgröße besteht außerdem ein (auch für andere Quer-

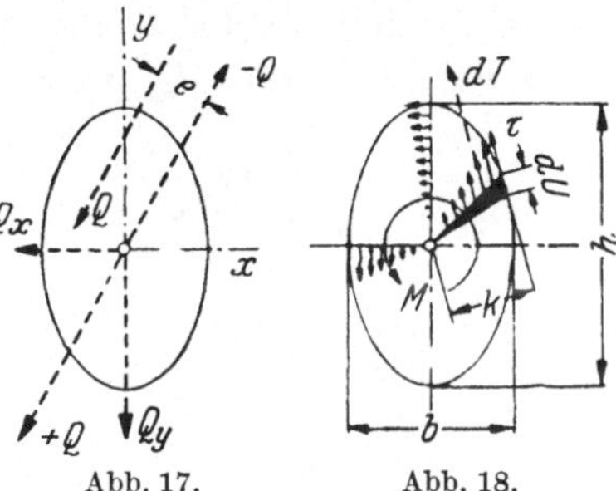

Abb. 17.   Abb. 18.

schnitte gültiges) Gesetz, wonach die Spannungsfiguren (bei der Ellipse die Spannungsdreiecke) überall inhaltgleich sind (Abb. 18, vgl. auch Abb. 4). Die am unendlich kleinen Flächenausschnitt $dF = \frac{1}{2} k \cdot dU$ wirkenden Spannungen ergeben eine Mittelkraft $dT = \frac{1}{3} \cdot \tau \cdot k \cdot dU$ (Spannungspyramide) im Abstande $\frac{3}{4} k$ vom Mittelpunkt. Führt man auf Grund der inhaltsgleichen Spannungsdreiecke $\frac{1}{2} \cdot \tau \cdot k = \text{konstant} = c$ ein, dann ist

$$dT = \frac{2 \cdot c}{3} dU; \quad M = \int \frac{3}{4} k \cdot dT = c \int \frac{1}{2} k \cdot dU = c \int dF = c \cdot F,$$

daraus $c = M/F$ und die Randspannung:

$$(18) \qquad \tau = \frac{2 \cdot c}{k} = \frac{2 \cdot M}{k \cdot F} = \frac{8 \cdot M}{k \cdot \pi \cdot b \cdot h},$$

wobei M das Drehmoment, F die Querschnittfläche (bzw. b und h die beiden Achsmaße der Ellipse) und k den Abstand der Randtangente bezeichnen. Für die größte Randspannung erhält man am Ende der kleinen Achse mit $k = b/2$ die bekannte Formel:

$$(19) \qquad \tau_{\max} = \frac{16 \cdot M}{\pi \cdot b^2 \cdot h}$$

und für die kleinste am Ende der langen Achse (mit $k = h/2$):

$$(20) \qquad \tau_{\min} = \frac{16 \cdot M}{\pi \cdot b \cdot h^2}.$$

Für den Kreis ist mit $b = h = D$, $k = \dfrac{D}{2}$: $\quad \tau = \dfrac{16 \cdot M}{\pi \cdot D^3}$.

Wird $M = Q \cdot e$ gesetzt und für Q/F einfach τ_0 geschrieben, ferner, um die Dreh- und Schubspannungen auf dieselbe Basis zu bringen, $\frac{4}{3} \cdot \tau_0$ herausgehoben, dann lautet Formel (18):

$$(21) \qquad \tau = \frac{2 \cdot Q \cdot e}{k \cdot F} = \tau_0 \frac{2 \cdot e}{k} = \frac{4}{3} \tau_0 \frac{1,5 \cdot e}{k}.$$

Aus dem Verhältnis $\dfrac{\tau}{1,5\,e} = \dfrac{\frac{4}{3}\tau_0}{k}$ kann dann die von der außermittig wirkenden Querkraft verursachte Drehspannung im Randpunkt P, wie auf Abb. 19 gezeigt, konstruiert werden.

Zur Ermittlung der Schubspannungen, die von einer symmetrisch wirkenden Querkraft (Q_x bzw. Q_y) hervorgerufen werden, betrachten

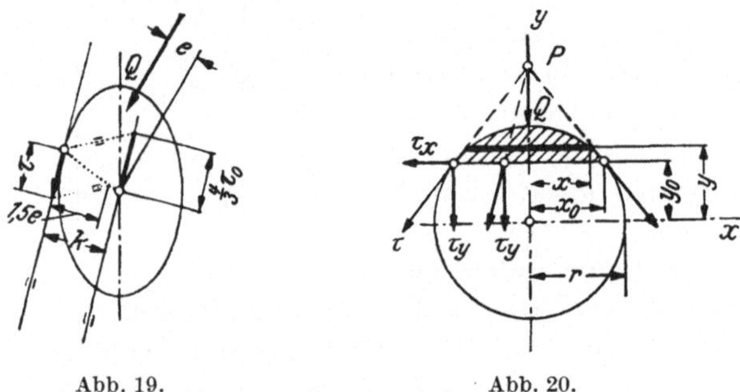

Abb. 19.
Abb. 20.

wir zunächst den Kreisquerschnitt (Abb. 20). Die Spannungsrichtung kann hierbei so angenommen werden, daß die Schubspannungen in jedem Punkt einer zur y-Achse rechtwinklig gezogenen Sehne alle durch jenen Punkt P gehen, in dem die Tangente die y-Achse trifft (Foeppl, Vorlesungen üb. techn. Mech. 1914, III. Bd., Festigkeitslehre). Die lotrechte Seitenkraft der Spannung ergibt sich aus der allgemeinen Formel:

$$\tau_y = \frac{Q \cdot S}{2 \cdot x_0 \cdot J},$$

wobei Q die Querkraft, S das stat. Moment des schraffierten Abschnittes, bezogen auf die x-Achse, $2\,x_0$ die Sehnenlänge und J das Trägheitsmoment des Querschnitts bedeuten. Für den Kreis ist:

$$x = \sqrt{r^2 - y^2}$$

$$S = \int_{y_0}^{r} y \cdot dF = \int 2 \cdot y \cdot x \cdot dy = 2 \int y \sqrt{r^2 - y^2}\, dy = \tfrac{2}{3} \sqrt{(r^2 - y_0^2)^3} = \tfrac{2}{3} x_0^3.$$

Mit $J = \dfrac{\pi r^4}{4}$ wird dann $\tau_y = \dfrac{4}{3} \cdot \dfrac{Q \cdot x_0^2}{\pi \cdot r^4} = \dfrac{4}{3} \cdot \dfrac{Q}{F} \left(\dfrac{x_0}{r}\right)^2.$

Ferner ist nach Abb. 20:

$$\frac{\tau_x}{\tau_y} = \frac{y_0}{x_0}; \qquad \tau_x = \tau_y \cdot \frac{y_0}{x_0} = \frac{4}{3} \cdot \frac{Q \cdot x_0 \cdot y_0}{F \cdot r^2}$$

und die Randspannung:

$$(22) \quad \begin{cases} \tau = \sqrt{\tau_y^2 + \tau_x^2} = \dfrac{4}{3}\,\dfrac{Q}{F}\,\sqrt{\left(\dfrac{x_0}{r}\right)^4 + \dfrac{x_0^2 \cdot y_0^2}{r^4}} = \\[3mm] \qquad = \dfrac{4}{3}\cdot\dfrac{Q}{F}\,\dfrac{x_0}{r}\,\sqrt{\dfrac{x_0^2 + y_0^2}{r^2}} = \dfrac{4}{3}\cdot\dfrac{Q}{F}\cdot\dfrac{x_0}{r} = \dfrac{4}{3}\cdot\tau_0\,\dfrac{x_0}{r}\,. \end{cases}$$

Den größten Wert nimmt die Schubspannung auf der x-Achse an und wird mit $x_0 = r$

$$(23) \qquad \tau_{\max} = \frac{4}{3}\cdot\frac{Q}{F} = \frac{4}{3}\cdot\tau_0\,.$$

Die größte Schubspannung ist also um $\frac{1}{3}$ größer, als wenn die Querkraft über den ganzen Querschnitt gleichmäßig verteilt wäre. Auch bei der Schubspannungsberechnung von Eisenbetonbalken kommt man angenähert zu demselben Wert, wie dies weiter oben angegeben ist.

Für den Ellipsenquerschnitt können ähnliche Formeln abgeleitet werden. Die Ellipse ist als ein in der x-Richtung im Maßstab b/h verzerrter Kreis zu betrachten (Abb. 21). Es ist daher

$$(24) \qquad \tau = \frac{4}{3}\cdot\frac{Q}{F}\cdot\frac{x_0}{k}\,.$$

Bezeichnet man wieder $\dfrac{Q}{F} = \tau_0$, dann ist $\tau = \dfrac{4}{3}\cdot\tau_0\cdot\dfrac{x_0}{k}$ und es besteht die Proportion: $\dfrac{\tau}{x_0} = \dfrac{\frac{4}{3}\cdot\tau_0}{k}$, woraus die betr. Randspannung einfach konstruiert werden kann, indem man $4/3\cdot\tau_0$ in der Querkraftlinie vom Mittelpunkt aus aufträgt und diesen Vektor parallel mit dem zum Umfangspunkt führenden Strahl auf die Tangente projiziert (Abb. 22).

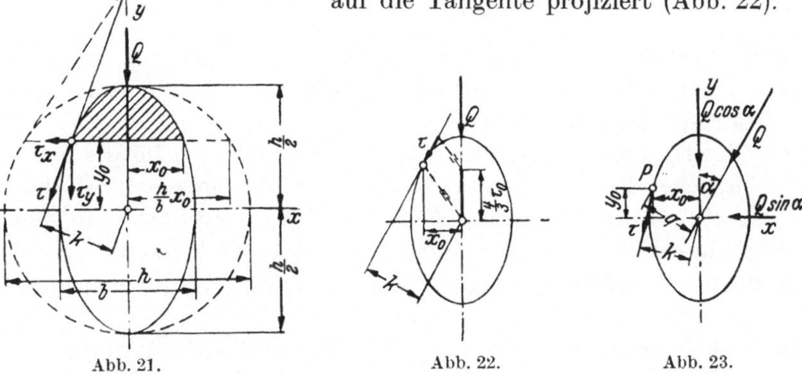

Abb. 21. Abb. 22. Abb. 23.

Bei allgemeiner Querkraftlage treten gleichzeitig zwei in den Hauptebenen wirkende Querkraftkomponenten auf (Q_x und Q_y). Unter Hinweis auf Abb. 23 ist $Q_x = Q\cdot\sin\alpha$, $Q_y = Q\cdot\cos\alpha$ und die Schubspannung im Randpunkte P (nach Gl. 24),

$$\tau = \frac{4}{3} \cdot \frac{1}{Fk} \left(Q \cos\alpha \cdot x_0 + Q \sin\alpha \cdot y_0\right) = \frac{4}{3} \cdot \frac{Q}{Fk} \left(x_0 \cdot \cos\alpha + y_0 \sin\alpha\right)$$

$$(25) \qquad \tau = \frac{4}{3} \cdot \frac{Q}{F} \cdot \frac{q}{k},$$

wobei q den Abstand des Randpunktes von der Kraftlinie bezeichnet. Führt man wieder $Q/F = \tau_0$ ein, so ist

$$(26) \qquad \tau = \frac{4}{3} \cdot \tau_0 \cdot \frac{q}{k} \qquad \text{und} \qquad \frac{\tau}{q} = \frac{\frac{4}{3} \cdot \tau_0}{k}.$$

Die für symmetrische Belastung gegebene Konstruktion kann also in allgemeiner Form angewendet werden (Abb. 24); $\frac{4}{3} \cdot \tau_0$ wird wieder in der Kraftlinie vom Mittelpunkt aufgetragen und parallel mit dem zum Randpunkte führenden Strahl auf die Tangente projiziert.

Die durch eine beliebig gerichtete und außermittig wirkende Querkraft verursachte Randspannung im Punkte P erhält man schließlich durch Zusammenzählung der Dreh- und Schubspannungen aus Gl. (21) und (25).

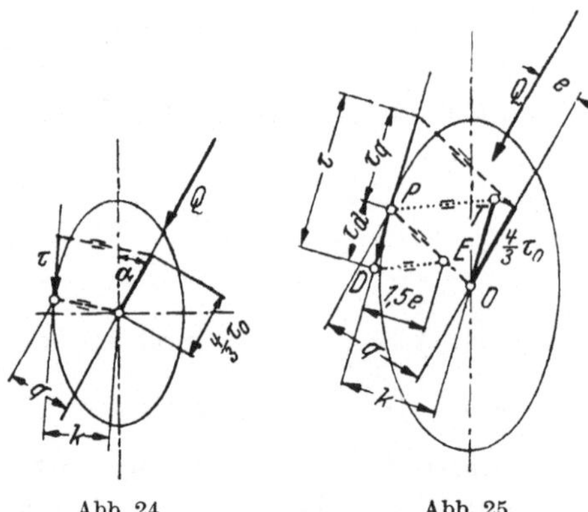

Abb. 24.   Abb. 25.

$$(27) \qquad \tau = \pm \frac{2Q \cdot e}{kF} + \frac{4}{3} \cdot \frac{Q}{F} \cdot \frac{q}{k} = \frac{4}{3} \cdot \tau_0 \frac{\pm 1{,}5\,e + q}{k},$$

wobei $\tau_0 = Q/F$ und e die Exzentrizität der Querkraft, q die rechtwinklig zur Kraftrichtung, k die rechtwinklig zur Tangente genommene Projektion des Halbmessers OP bedeuten.

Durch Zusammensetzung der beiden Konstruktionen für die beiden Spannungsarten kann auch diese kombinierte Randspannung wie folgt konstruiert werden (Abb. 25). Es wird $\frac{4}{3} \cdot \tau_0$ berechnet und vom Punkte O in der Kraftrichtung aufgetragen. Die parallel zu OP auf die Tangente projizierte Strecke ergibt den Schubanteil τ_q der Randspannung (vgl. Abb. 24). Dann wird $\frac{4}{3} \cdot \tau_0$ parallel zur Tangente ebenfalls vom Mittelpunkt aus aufgetragen, der Halbmesser OP in 1,5 e Entfernung (von der Tangente gemessen) durchschnitten (Punkt E) und es werden die Parallelen TP und ED gezogen (vgl. Abb. 19), wodurch sich der Drehanteil τ_d der Randspannung ergibt. Die gesamte Randspannung ist $\tau = \tau_q + \tau_d$.

Die Randstelle, wo die Gesamtspannung τ ihren Größtwert erreicht, kann auf einfachem Wege nicht ermittelt werden. Sie liegt jedenfalls auf dem zur Querkraft näher liegenden Randteile, wo sich Dreh- und Schubspannungen zusammenzählen; auch kann die genauere Lage der Größtspannung gut geschätzt werden, wenn man bedenkt, daß der erste Teil des Ausdruckes für τ in Gl. (27) seinen Größtwert bei $k_{\min}$ erreicht, der zweite Teil bei $(q/k)_{\max}$ und das Maximum zwischen diesen beiden Stellen auftreten wird. Es genügt vollkommen, in der so begrenzten gefährlichen Zone schätzungsweise einen Randpunkt anzunehmen und die zu diesem Punkt aus der Formel (27) oder durch Konstruktion ermittelte Spannung als Größtwert zu betrachten, denn es kommt dabei auf weitgehende Genauigkeit nicht an, da schon das Ersetzen des beliebigen Querschnitts durch die eingeschriebene Ellipse Ungenauigkeiten in sich schließt.

Nachstehend soll die Anwendung des Bemessungsverfahrens an einigen praktischen Beispielen gezeigt werden, bei denen außer den Drehmomenten auch Querkräfte wirken.

Wir müssen mit einigen statischen Vorbemerkungen beginnen, um die Drehmomente in beliebigen Querschnitten angeben zu können. — Wird der Zylinderstab (Abb. 26), dessen Endquerschnitte A und B festgehalten sind, durch eine außermittig wirkende Einzelkraft Q belastet, so können wir diese Belastung durch Hinzufügen zweier mittig wirkender und entgegengesetzt gerichteter Querkräfte in ein Drehmoment $Q \cdot e$ und in eine mittig wirkende Querkraft $+ Q$ zerlegen. Die Kraft $+ Q$ ruft mittig wirkende Auflagerkräfte

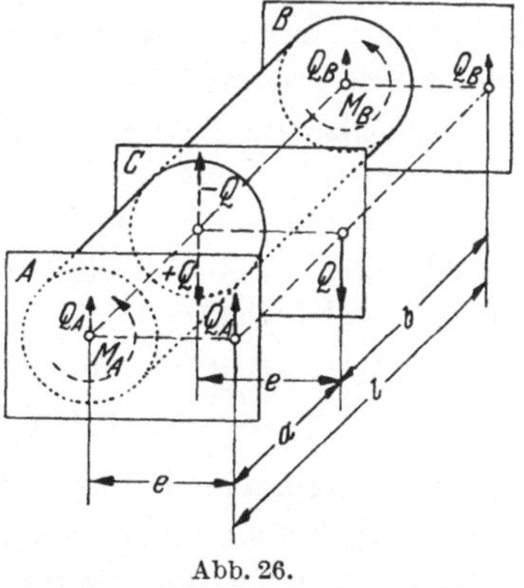

Abb. 26.

$$Q_A = \frac{b}{l}\,Q \quad \text{und} \quad Q_B = \frac{a}{l}\,Q$$

hervor. Das Drehmoment verursacht Auflager-Drehmomente M_A bzw. M_B, die auf den Stabstrecken a bzw. b gleich bleiben und deren Summe $Q \cdot e$ ist. Die Größe dieser Momente kann aus der Formänderung bestimmt werden. Der Querschnitt C verdreht sich unter der Last um den Winkel ϑ, die Querschnitte A und B stehen fest; die Winkeländerung γ der ursprünglich winkelrecht aufeinander stehenden Flächenelemente ist dann (Abb. 27)

$$\text{im Stabteil } a) \quad \gamma_a = \frac{r\vartheta}{a}, \quad \text{dgl. } b) \quad \gamma_b = \frac{r\vartheta}{b}.$$

Da das Drehmoment bei gleichbleibenden Querschnittsabmessungen mit der hervorgerufenen Winkeländerung proportional ist, so folgt

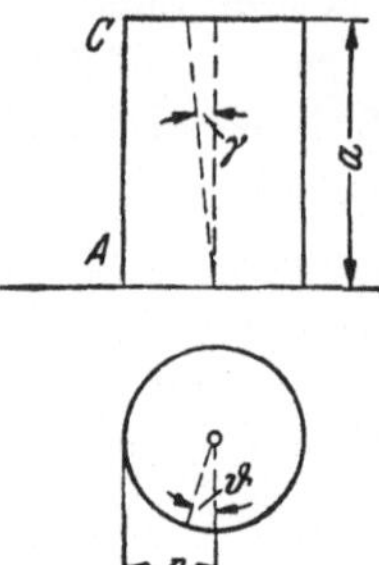

Abb. 27.

$$\frac{M_A}{M_B} = \frac{\dfrac{r\vartheta}{a}}{\dfrac{r\vartheta}{b}} = \frac{b}{a}.$$

Außerdem ist $M_A + M_B = Q\,e$ und daher

$$M_A = \frac{b}{l}\,Qe = Q_A \cdot e, \qquad M_B = \frac{a}{l}\,Qe = Q_B \cdot e.$$

Setzt man M_A und Q_A zusammen, dann ergibt sich als resultierender Auflagerdruck die Kraft Q_A im Abstande e von der Stabachse. Ebenso beim Auflager B.

Bei außermittigem Kraftangriff verschiebt sich also die Kraftebene parallel zur Stabachse, die Bestimmung der Querkraft in einem Schnitt erfolgt genau so wie bei mittiger Belastung, nur wirkt die so ermittelte Querkraft am Hebelarm e. Da der Hebelarm für alle Querschnitte gleichbleibt, so sind die Drehmomente mit der jeweiligen Querkraft proportional, und man erhält die Drehmomentenfläche aus der Querkraftfläche durch Multiplikation mit der Exzentrizität e.

Dasselbe gilt auch, wenn mehrere Einzellasten auftreten, und auch für verteilte Lasten, da letztere aus unendlich kleinen Einzellasten gebildet werden, vorausgesetzt, daß sich sämtliche Lasten in einer parallel zur Stabachse im Abstand e liegenden Kraftfläche befinden.

Wirken die Lasten mit verschiedenen Exzentrizitäten, z. B. eine Lastgruppe I in einer zur Stabachse parallel liegenden Kraftebene mit dem Abstand e_I, eine zweite in einer anderen Ebene mit der Exzentrizität e_{II}, und bedeutet Q_I die Querkraft aus der Lastgruppe I, Q_{II} diejenige aus II, dann ist das jeweilige Drehmoment

$$M = Q_I\,e_I + Q_{II}\,e_{II}.$$

Die Momentenfläche ergibt sich in diesem Fall aus der Addition der e_I-fachen Q_I-Fläche zur e_{II}-fachen Q_{II}-Fläche.

Bei beweglichen Lasten muß ein jeder Querschnitt für die größten Kraftwirkungen bemessen sein, es sind also die größten Querkräfte und die größten Drehmomente zu bestimmen.

Für die größte Querkraft ist Teilbelastung gefährlich, so daß also der rechts oder links vom Querschnitt liegende Balkenteil belastet wird. Das größte Drehmoment wird im allgemeinen nicht unter dieser Laststellung entstehen, die Teilbelastung muß vielmehr noch weiter unterteilt werden, so daß nur die Lasten bleiben, die — in der Querrichtung — rechts oder links von der Balkenachse wirken. Zur Bestimmung der größten Querkraft und des größten Drehmomentes für den Plattenbalken-Querschnitt I—I in Abb. 28 wird z. B. der rechte Balkenteil I bis B belastet. Die größte Querkraft entsteht, wenn sich diese Belastung auf die ganze Querschnittbreite erstreckt (Belastungsfall 1); hierbei wird das Drehmoment $= 0$, weil keine Exzentrizität vorhanden ist. Für das größte Drehmoment sind die (in Längs- und Querrichtung partiellen) Laststellungen 2 und 3 gefährlich, wobei die Querkraft nur halb so groß ist. Die Verhältnisse liegen hier ähnlich wie bei Biegung mit Achsialkraft, wobei für Moment und Normalkraft ebenfalls zwei verschiedene Belastungsfälle gefährlich sind.

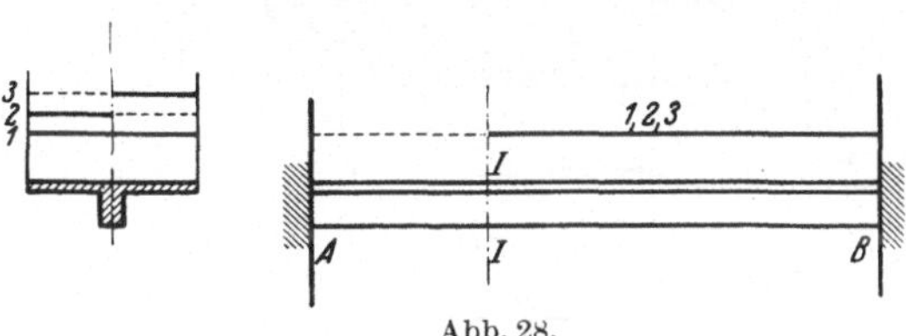

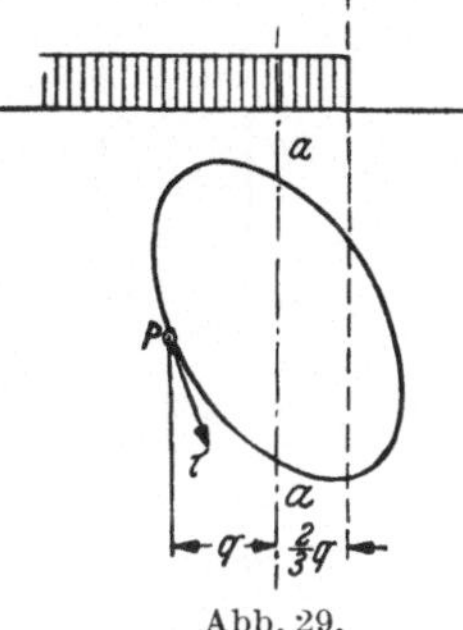

Abb. 28.   Abb. 29.

Um zu sehen, ob ein rechnerischer Nachweis der Bewehrungen erforderlich ist, muß auch die größte Randspannung ermittelt werden. Die Größe der Spannung im Punkte P der Abb. 29 hängt von der Größe und Exzentrizität der Querkraft ab. Bei verteilter Nutzlast taucht nun die Frage auf, welche Teilstrecke in der Querrichtung zu belasten ist, um den Spannungsgrößtwert zu bekommen. Hierzu denken wir uns, daß in Abb. 29 eine Querkraft von links nach rechts über den Querschnitt wandere. Solange sich diese links von der Achse a—a befindet, hat die im Punkt P entstehende Drehspannung τ_d dasselbe Vorzeichen wie die Schubspannung τ_q, die beiden addieren sich zu τ. Wirkt die Querkraft rechts von der Achse, dann wechselt τ_d das Vorzeichen und wirkt τ_q entgegen, so daß sich τ verringert. Unter Hinweis auf Formel (27) wird $\tau = 0$, wenn

$$1{,}5\,e = q \quad \text{oder} \quad e = \tfrac{2}{3}\,q \text{ ist.}$$

Für die Größtspannung eines Querschnittes muß somit die einseitig angeordnete Nutzlast auch noch die Strecke $\tfrac{2}{3}q$ der anderen Seite bedecken.

Abb. 30.

Es sei hier auch noch bemerkt, daß eine Umgehung der Drehbewehrung etwa in der Weise, wie auf Abb. 30 dargestellt, indem das Drehmoment durch Kräfte $+P$ und $-P$ ersetzt und die rechte und linke Querschnitthälfte voneinander unabhängig auf Biegung bewehrt werden, unzulässig ist, da die beiden Querschnitthälften in der Ebene I—I miteinander zusammenhängen und die vorausgesetzte Biegungsdeformation nicht ausführen können.

Nach diesen Vorbemerkungen wollen wir nun auf die Beispiele übergehen.

1. Ölbehälterkonsole bei einem Turbinenfundament (Abb. 31).

Der zwischen die Fundamentstützen gespannte Balken wird durch die Konsole auf Verdrehung beansprucht und soll daraufhin bemessen

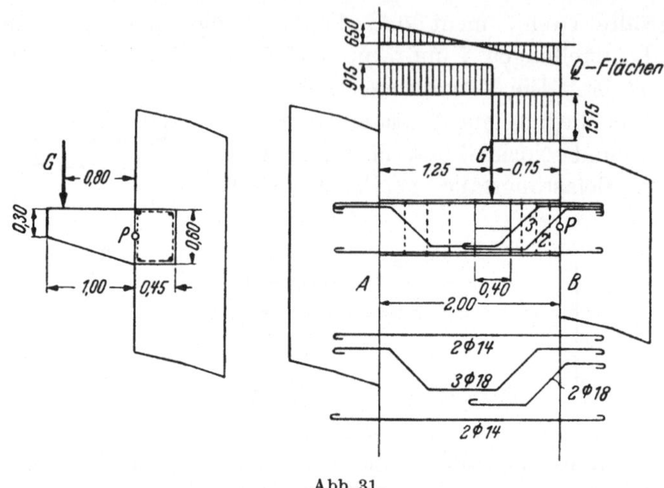

Abb. 31.

werden. Der Einfachheit halber lassen wir das Eigengewicht der Konsole an derselben Stelle wirken wie die Belastung G. Die außermittig wirkende Last ist:

Eigengewicht der Konsole $\frac{1}{2}(0,30 + 0,60)\,0,40 \cdot 1,0 \cdot 2400 = 430$ kg
Einzellast G $= 2000$,,
$$\overline{2430 \text{ kg}}$$

Die außermittig wirkende Querkraft beträgt

$$\text{auf der Strecke } AG \qquad 2430\,\frac{0,75}{2,0} \quad = \quad 915 \text{ kg}$$
$$\text{,, \quad ,, \quad ,, } \quad GB \qquad 2430 - 915 = 1515 \text{ ,,}$$

Die Exzentrizität ist $0,80 + \frac{1}{2}\,0,45 = 1,02$ m und somit das Drehmoment

$$\text{auf der Strecke } AG \qquad M_A = 1,02 \cdot 915 = 935 \text{ kgm}$$
$$\text{,, \quad ,, \quad ,, } \quad GB \qquad M_B = 1,02 \cdot 1515 = 1550 \text{ ,,}$$

Das Eigengewicht des Balkens ist $0,45 \cdot 0,60 \cdot 2400 = 650$ kg/m, die Querkraft aus Eigengewicht am Auflager $\frac{2,0}{2}\,650 = 650$ kg. Um zu sehen, ob eine kombinierte Schub- und Drehbewehrung nachzuweisen ist, muß die größte Spannung ermittelt werden. Am Auflager B wirkt die größte Querkraft und das größte Drehmoment, und zwar

$$Q_B = 1515 + 650 = 2165 \text{ kg,}$$
$$M_B = 1550 \text{ kgm.}$$

Im Punkt P ist dann

$$\tau = \frac{2165}{45 \cdot \frac{3}{4} \cdot 60} + \left(3 + \frac{2,6}{\frac{60}{45} + 0,45}\right) \cdot \frac{155\,000}{45^2 \cdot 60} = 1,08 + 5,72 =$$

$$= 6,8\,\text{kg/cm}^2 > 6,0\,\text{kg/cm}^2.$$

Rechnerischer Nachweis ist also erforderlich.

Es soll Bügelbewehrung vorgesehen werden, bestehend aus 4 Längsstäben und Bügeln. Die umschlossene Querschnittfläche ist

$$F = (45 - 2 \cdot 3) \cdot (60 - 2 \cdot 3) = 39 \cdot 54 = 2100\ \text{cm}^2,$$

der Abstand der Längsstäbe $t = \dfrac{39 + 54}{2} = 46,5$ cm. Der Querschnitt eines Längsstabes ist nach Formel (10)

$$F_e = \frac{155\,000 \cdot 46,5}{2 \cdot 1200 \cdot 2100} = 1,43\ \text{cm}^2 \quad \text{verw. } 4 \oslash 14\ \text{mm mit je } 1,54\ \text{cm}^2.$$

Bei Verwendung von Bügeln mit 7 mm $\oslash$ und 0,385 cm² Querschnitt berechnet sich der Bügelabstand zu

$$t_b = \frac{0,385}{1,43} \cdot 46,5 = 12,5\ \text{cm}.$$

Die hier ermittelte Drehbewehrung ist für den am stärksten beanspruchten Schnitt B bestimmt. Ist das Moment an anderen Stellen geringer, so kann diesem Umstand durch Weglassen von Längsstäben und Vergrößerung des Bügelabstandes Rechnung getragen werden. In unserem Fall ist z. B. am linken Balkenteil das Drehmoment wesentlich geringer als am rechten. Längsstäbe weglassen kann man hier nicht, weil nur 4 Eckstäbe angenommen wurden. Am linken Balkenteil könnten zwar schwächere Stäbe verwendet werden, das wäre aber keine Ersparnis, weil die Stabenden von links und rechts zur guten Verankerung entsprechend übergreifen müßten. Wir führen infolgedessen die für Schnitt B ermittelten $4 \oslash 14$ mm ganz durch. Die Bügelteilung kann am linken Balkenteil vergrößert werden. Bei Verwendung desselben Eisendurchmessers ist die Teilung umgekehrt proportional mit dem Drehmoment, oder — infolge der gleichbleibenden Exzentrizität — mit der Querkraft. Die Bügelteilung auf der linken Balkenseite ist somit

$$t_b = 12,5\,\frac{1515}{915} = 20,5\ \text{cm}.$$

Es müssen alle Stäbe gut verankert werden. Die Längsstäbe sind deshalb in die Stützen geführt und mit Endhaken versehen; die Bügelenden müssen gut übergreifen und erhalten ebenfalls vorschriftsmäßige Haken.

2. Laufstegbalken (Abb. 32).

Dieser Balken wird auf Drehung beansprucht, wenn nur die eine Plattenseite belastet ist.

$$
\begin{aligned}
\text{Ständige Last} \quad & 2 \text{ cm Estrich} \quad 44 \text{ kg/m}^2 \\
& 8 \text{ ,, Platte} \quad \underline{192 \quad ,,} \\
& 236 \cdot 2{,}0 = \quad 472 \text{ kg/m} \\
\text{Rippe } (0{,}60\text{—}0{,}05)\ 0{,}30 \cdot 2400 = \ & \underline{398 \quad ,,} \\
g = \ & 870 \text{ kg/m} \\
p = 2{,}0 \cdot 300 = \ & \underline{600 \quad ,,} \\
q = \ & 1470 \text{ kg/m}
\end{aligned}
$$

Es muß zunächst bestimmt werden, ob die Spannungsgrenze an irgendeiner Stelle überschritten wird. An Hand der Abb. 29 haben wir ausgeführt, daß für die Randspannungen die um $\frac{2}{3}q$ verbreiterte ein-

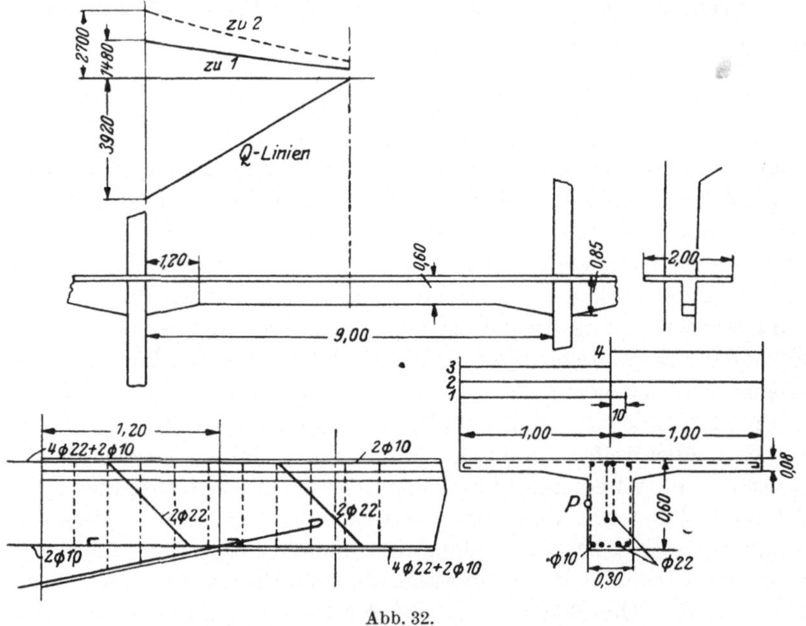

Abb. 32.

seitige Nutzlaststellung am gefährlichsten ist. In unserem Fall ergibt also die in Abb. 32 mit *1* bezeichnete Nutzlaststellung, die um $\frac{2}{3}q = \frac{2}{3} \cdot 15 = 10$ cm über die Mitte reicht, den Spannungsgrößtwert im Punkt *P*. — Die zu dieser Nutzlaststellung gehörende größte Querkraftfläche ist auf der Abbildung voll ausgezogen dargestellt. Der Einfluß der ständigen Last wird von der Nutzlast gesondert behandelt, weil sie eine andere Exzentrizität aufweist. Die Auflagerordinaten sind

aus ständiger Last $\quad Q_g = 870\,\dfrac{9,0}{2} = 3920$ kg

aus Nutzlast $\quad\quad Q_p = 1,10 \cdot 300\,\dfrac{9,0}{2} = 330 \cdot 4,5 = 1480$ kg.

Die Exzentrizität der

ständigen Last $e = 0$

Nutzlast $\quad\quad e = \dfrac{1,10}{2} - 0,10 = 0,45$ m.

Mit $b = 30$ cm, $h = 85$ cm ergibt sich aus

ständiger Last $\quad \tau_{0g} = \dfrac{3920}{30 \cdot 85} = 1,55$ kg/cm²

Nutzlast $\quad\quad \tau_{0p} = \dfrac{1480}{30 \cdot 85} = 0,58 \quad$,,

mit $\;\psi = 3 + \dfrac{2,6}{\frac{85}{30} + 0,45} = 3,8\;$ ergibt sich ferner nach S. 22

$$\tau_{\max} = 1,55\left(\frac{4}{3} + 0\right) + 0,58\left(\frac{4}{3} + 3,8\,\frac{0,45}{0,30}\right) = 2,1 + 4,1 =$$

$$= 6,2 \text{ kg/cm}^2 > 6 \text{ kg/cm}^2.$$

Für die Abbiegungen ist die größte Querkraftfläche maßgebend, wobei die Nutzlast über die ganze Plattenbreite verteilt wird (Laststellung *2*). Diese Linie ist in Abb. 32 gestrichelt dargestellt; ihre Auflagerordinate aus Nutzlast beträgt (im Verhältnis der Belastungsbreiten reduziert):

$$1480 \cdot \frac{2,0}{1,10} = 1240 \cdot 1,82 = 2700 \text{ kg.}$$

Die Berechnung der Abbiegungen erfolgt auf übliche Weise aus den Schubspannungen. Diese Schubspannungen allein bleiben zwar alle unter der Spannungsgrenze, die Schubsicherung muß aber trotzdem nachgewiesen werden, da die aus Verdrehung und Schub sich ergebenden ungünstigsten gesamten Spannungen — wie vorhin errechnet — bei einseitiger Belastung die Spannungsgrenze überschreiten, und es daher angenommen werden muß, daß Schubrisse vorhanden sind.

Die Drehmomente können verschiedenen Drehsinn haben, je nachdem die rechte oder die linke Plattenhälfte belastet wird, es ist also die Anordnung einer Bügelbewehrung (im Gegensatz zur Spiralbewehrung) vorteilhaft, da diese Bewehrungsart nach beiden Richtungen wirkt. Bei Belastung der halben Plattenbreite (Laststellungen *3* und *4*) ergeben sich die größten Drehmomente, und diese können aus der dazugehörigen Querkraftfläche durch Multiplikation mit der Exzentrizität gefunden werden. Die Querkraftfläche für halbe Nutzlast ergibt sich aus der auf Abb. 32 gestrichelt gezeichneten Querkraftlinie durch Multiplikation mit 0,5. Eine weitere Multiplikation mit der Exzentrizität $\dfrac{1,0}{2} = 0,5$ m ergibt die Drehmomentenlinie. Die größten Drehmomente sind also durch die gestrichelte Querkraftlinie in 4fachem Maße dargestellt.

Das größte Moment am Auflager beträgt:

$$0,5 \cdot 0,5 \cdot 2700 = \frac{2700}{4} = 675\ \text{kgm}.$$

Es soll Bügelbewehrung angeordnet werden, bestehend aus 4 Längsstäben und Bügeln. Der Querschnitt eines Längsstabes ist nach Formel (10) mit $F = 56 \cdot 26 = 1450$ cm² (die größere Voutenhöhe bleibt unberücksichtigt) und

$$t = \frac{55 + 25}{2} = 40\ \text{cm},$$

$$F_e = \frac{67\,500 \cdot 40}{2 \cdot 1200 \cdot 1450} = 0,78\ \text{cm}^2,$$

verw. 4 $\varnothing$ 10 mm mit je 0,785 cm².

Als Bügel sollen $\varnothing$ 7 mm mit 0,385 cm² verwendet werden. Der Bügelabstand ist dann:

$$t_b = \frac{0,385}{0,78} \cdot 40 = 20\ \text{cm}.$$

Die Bewehrung wird auf der ganzen Länge in derselben Stärke beibehalten, da die Bewehrung aus schwachen Stäben besteht, deren Verminderung nennenswerte Ersparnisse nicht bringen würde. Die Längsstäbe reichen — zur guten Verankerung — über die Auflager hinaus. Die Bügel sind dadurch besonders gut verankert, daß sie als Tragstäbe der Konsolplatten bis zu den Plattenrändern weitergeführt werden. Etwaige Bügel für die Schubsicherung sind zuzüglich anzuordnen.

3. Randbalken eines Turbinenfundamentes (Abb. 33).

Der Randbalken b ist außermittig belastet und soll daraufhin bemessen werden. Dieses Beispiel ist einfacher als das erste insofern, als nur ständige Lasten (mit Lastzuschlag) in Frage kommen, verwickelter, weil der Querschnitt und die Belastung unregelmäßig sind.

Die Belastung besteht aus zwei Lastgruppen mit verschiedenen Exzentrizitäten:

gleichmäßig verteiltes Eigengewicht in Querschnittmitte
 wirkend $g = 1,3^2 \cdot 2,4$ . . . . $= 4,0$ t/m
gleichmäßig verteiltes Gewicht der Turbinen-Grundplatte
 $g' = 0,34$ t/m $+ 400$ v. H. Erschütterungszuschlag in
 0,20 m Abstand vom inneren Querschnittrande wirkend $\underline{\quad = 1,7\ \text{t/m}}$

$$q = 5,7\ \text{t/m}$$

Diese beiden Belastungen können zu einer einzigen Lastgruppe mit dem Abstand $\dfrac{4,0 \cdot 0,65 + 1,7 \cdot 0,20}{5,7} = 0,515$ m vom Innenrande vereinigt werden.

Die zweite Lastgruppe besteht aus den Einzellasten:

$$P_1 = 5,85 + 400 \text{ v. H.} = 29,25 \text{ t}$$
$$P_2 = 11,7 + 400 \text{ v. H.} = 58,5 \text{ t}$$

in 0,15 m Abstand vom Innenrande wirkend.

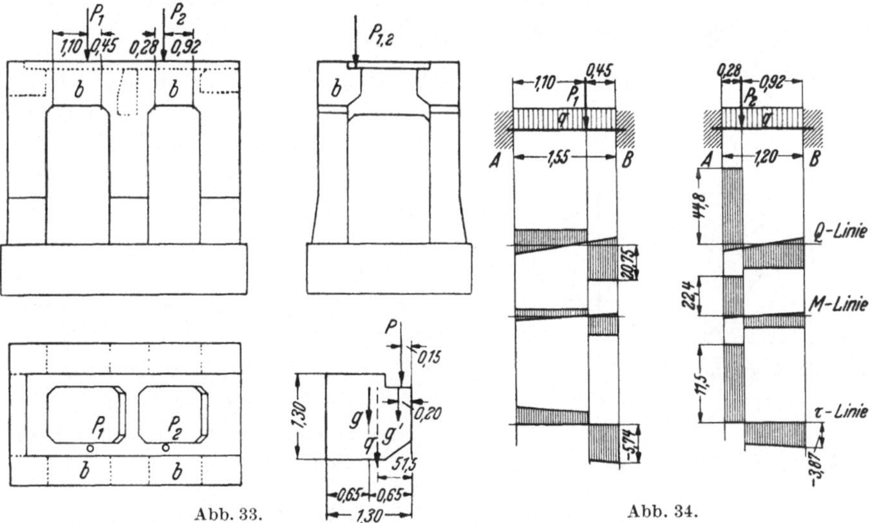

Abb. 33.   Abb. 34.

Zur Ermittlung der Drehbewehrung bestimmen wir zunächst die Querkraft- und Drehmomentenflächen und behandeln dabei die beiden Lastgruppen gesondert (Abb. 34).

Querkraftordinaten aus der Lastgruppe q:

linker Balken $\quad A = -B = 5,7 \dfrac{1,55}{2} = 4,42$ t

rechter Balken $\quad A = -B = 5,7 \dfrac{1,20}{2} = 3,43$ t

dgl. aus der Lastgruppe P:

linker Balken $\quad A = 29,25 \cdot \dfrac{0,45}{1,55} = 8,5$ t

$$B = 29,25 - 8,5 = 20,75 \text{ t}$$

rechter Balken $\quad A = 58,5 \cdot \dfrac{0,92}{1,20} = 44,8$ t

$$B = 58,5 - 44,8 = 13,7 \text{ t}$$

Drehmomentordinaten:

Die Exzentrizität beträgt für die Lastgruppen

$$q: 65 - 51,5 = 13,5 \text{ cm}, \qquad P: 65 - 15 = 50 \text{ cm}.$$

Die entsprechenden Momentordinaten ergeben sich aus den soeben ermittelten Querkraftordinaten durch Multiplikation mit der zugehörigen Exzentrizität zu:

$$4,42 \cdot 0,135 = \quad 0,60 \text{ tm}, \quad 3,43 \cdot 0,135 = \quad 0,46 \text{ tm},$$
$$8,5 \ \ \cdot 0,50 \ = \quad 4,25 \text{ tm}, \quad 44,8 \ \ \cdot 0,50 \ = 22,40 \text{ tm},$$
$$20,75 \cdot 0,50 \ = 10,38 \text{ tm}, \quad 13,7 \ \ \cdot 0,50 \ = \quad 6,85 \text{ tm}.$$

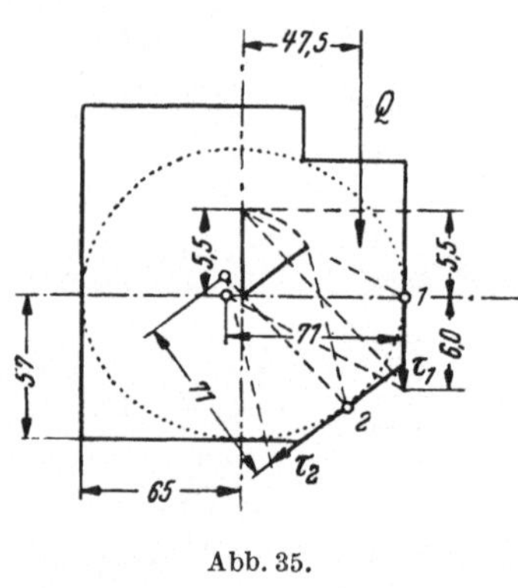

Abb. 35.

Auf Grund der Querkraft- und Drehmomentenflächen werden nun zuerst die größten Randspannungen ermittelt. Wie im folgenden gezeigt wird, genügt es, die größte Randspannung für einen einzigen Querschnitt zu bestimmen, um daraus die ganze τ-Linie herleiten zu können. Es soll hierzu der Querschnitt A des rechten Balkens gewählt werden. Da der Querschnitt unregelmäßig ist, so ersetzen wir denselben durch eine eingeschriebene Ellipse, deren Halbmesser 57 und 65 cm betragen (Abb. 35). Die Querkraft ist an dieser Stelle

$$Q = 3,43 + 44,8 = 48,2 \text{ t},$$
$$\text{das Drehmoment } M = 0,46 + 22,4 = 22,9 \text{ tm},$$
$$\text{die Exzentrizität } e = \frac{22,9}{48,2} = 0,475 \text{ m}.$$

Die größte Randspannung wird im Punkte 1 oder 2 auftreten. Die Ellipsenfläche ist

$$F = \pi \cdot 57 \cdot 65 = 11\,650 \text{ cm}^2,$$
$$\tau_0 = \frac{Q}{F} = \frac{48\,200}{11\,650} = 4,15 \text{ kg/cm}^2; \quad \frac{4}{3}\,\tau_0 = 5,5 \text{ kg/cm}^2,$$
$$1,5\,e = 0,71 \text{ m}.$$

Mit diesen Größen konstruieren wir graphisch (wie in Abb. 25 gezeigt wurde) die Randspannungen und erhalten

$$\tau_1 = 11,5 \text{ kg/cm}^2, \ \tau_2 = 10,2 \text{ kg/cm}^2.$$

Die Spannung im Punkte 1 ist somit die größere. Zur Kontrolle wollen wir diese auch rechnerisch aus Formel (27) bestimmen. Mit $q=k=65$ cm ergibt sich $\tau = \tau_q + \tau_d = 5,5\,\frac{65}{65} + 5,5\,\frac{71}{65} = 5,5 + 6,0 = 11,5 \text{ kg/cm}^2.$

Der erste Teil dieser Spannung ist mit der Querkraft proportional, der zweite mit dem Drehmoment, und so läßt sich leicht die auf Abb. 34 dargestellte Spannungsfigur zeichnen. Die Spannungsfigur verläuft geradlinig, weil sich auch Q und M linear ändern. Wie aus der Abbildung hervorgeht, wird die Spannungsgrenze von 6 kg/cm² nur zwischen A und P_2 des rechten Balkens überschritten.

Die Länge der Querkraftstrecke ist beim linken Balken $a = 45$ cm, beim rechten $= 28$ cm, also an beiden Seiten kleiner als der innere Hebelarm. Unter Hinweis auf die am Schlusse dieser Arbeit enthaltene Abhandlung über „Berechnung des Eisenbetons gegen Abscheren" ist in diesem Fall die zum Zwecke der Schubsicherung aufzunehmende schräge Zugkraft:

$$\frac{Q}{\sqrt{2}}.$$

Der erforderliche Eisenquerschnitt der Abbiegungen ist somit:

links $F_e = \dfrac{20750 + 4420}{1200 \cdot \sqrt{2}} = 14,8$ cm²; 3 ⌀ 26 mm $= 16,0$ cm²,

rechts $F_e = \dfrac{4800}{1200 \cdot \sqrt{2}} = 28,3$ cm²; 6 ⌀ 26 mm 32,0 cm².

Für die Drehbewehrung soll Bügelbewehrung, bestehend aus Längsstäben und Bügeln, verwendet werden. Als Querschnitt des Bewehrungszylinders wird der in Abb. 36 dargestellte Trapezquerschnitt gewählt; sein Inhalt ist

$$F = \frac{122 + 65}{2} \, 122 = 11\,400 \text{ cm}^2.$$

Bewehrung des linken Balkens: $M = 60\,000 + 1\,038\,000 = 1\,098\,000$ kgcm, es sollen 4 Eckstäbe angeordnet werden (Stäbe *1*, *3*, *4* und *6* in der Abb. 36); der größte Stababstand ist

$$t = \frac{122 + 125}{2} = 124 \text{ cm}$$

und der Querschnitt eines Längsstabes:

$$F_e = \frac{1\,098\,000 \cdot 124}{2 \cdot 1200 \cdot 11\,400} = 5,0 \text{ cm}^2,$$

verw. je 1 ⌀ 26 $= 5,3$ cm².

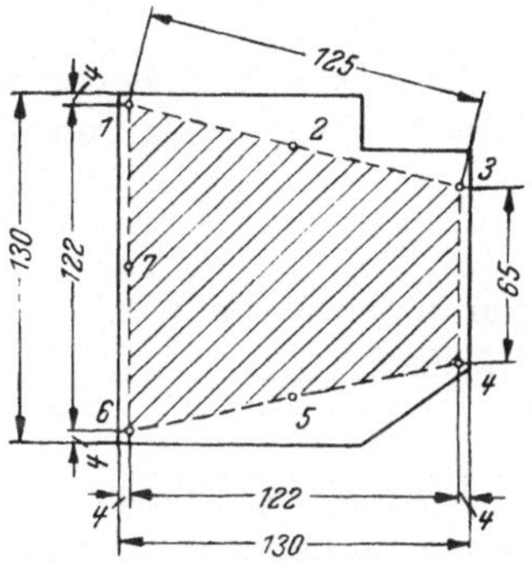

Als Bügel werden Rundeisen von 10 mm mit 0,785 cm² verwendet; der Bügelabstand berechnet sich zu:

$$t_b = \frac{0,785}{5,0} \, 124 = \sim 19,5 \text{ cm}.$$

Abb. 36.

Bewehrung des rechten Balkens: $M = 2\,290\,000$ kgcm; es werden 7 Längsstäbe (*1—7* in Abb. 36) angeordnet; die Teilung $t = \sim 65$ cm.

Der Querschnitt eines Längsstabes beträgt

$$F_e = \frac{2\,290\,000 \cdot 65}{2 \cdot 1200 \cdot 11\,400} = 5{,}4 \text{ cm}^2, \text{ verw. je } 1 \varnothing 26 \text{ mm} = 5{,}3 \text{ cm}^2.$$

Als Bügel sollen $\varnothing$ 12 mm mit 1,13 cm² vorgesehen werden; der Bügelabstand ist

$$t_b = \frac{1{,}13}{5{,}4}\, 65 = 12{,}5 \text{ cm.}$$

Abb. 37 zeigt die gesamte Bewehrung.

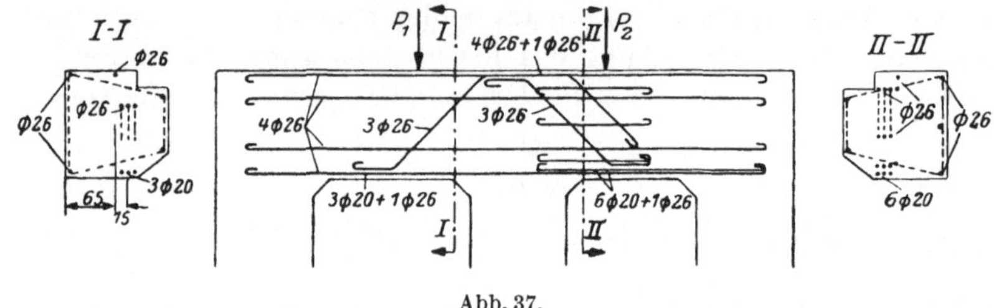

Abb. 37.

Außerhalb der stark beanspruchten Strecke ($A\,P_2$ in Abb. 34) werden nur die 4 Eckstäbe (*1*, *3*, *4*, *6* auf Abb. 36) als Drehbewehrung über die ganze Balkenlänge hinweggeführt.

4. Eisenbeton-Kühlturmgerüst (6-Eck).

Das Kühlturmgerüst des in Abb. 38 gestrichelt dargestellten Kühlturmes ist gegen Winddruck zu bemessen.

$$W = \frac{9{,}70 + 8{,}40}{2}\, 16{,}0 \cdot 0{,}125 \cdot 0{,}625 = 11{,}3 \text{ t.}$$

Das Windmoment für Schnitt I—I ist

$$M = 11{,}3 \cdot 7{,}85 = 88{,}5 \text{ tm.}$$

Unter der Voraussetzung, daß der Kühlturm einen starren Körper darstellt, wirken an den 6 Auflagerstellen 6 gleich große Schubkräfte

$$H = \frac{11{,}3}{6} = 1{,}89 \text{ t}$$

und in den vier mit *1* und *3* bezeichneten Punkten die lotrechten Gegendrücke

$$V_I = \pm \frac{88{,}5}{2 \cdot 8{,}40} = \pm 5{,}25 \text{ t.}$$

Um das in Abb. 39 schematisch dargestellte Eisenbetongerippe bemessen zu können, wollen wir einige vereinfachende Annahmen machen:

Das Eigengewicht bleibt unberücksichtigt. Die volle Einspannung der Stützenfüße in das Kühlturmfundament läßt unter Berücksichtigung der oben nur elastischen Einspannung annehmen, daß etwa im oberen Drittelpunkt derselben das Moment = 0 ist; an diesen Stellen können wir daher Gelenke einfügen. Es soll ferner angenommen werden, daß in den 6 Gelenken gleich große und gleichgerichtete Schubkräfte $H = 1,89$ t und in den Gelenken *1* und *3* lotrechte Kräfte

$$V_{II} = \pm 5,25 \pm \frac{11,3 \cdot 2,0}{2 \cdot 8,4} = \pm 5,25 \pm 1,35 = \pm 6,60 \text{ t}$$

wirken. Die Stützen werden hierbei lediglich auf Biegung mit Achsialdruck beansprucht, ihre Bemessung bietet keine besonderen Schwierigkeiten, und so wollen wir uns nur mit dem über den Stützen angeordneten Riegelkranz beschäftigen.

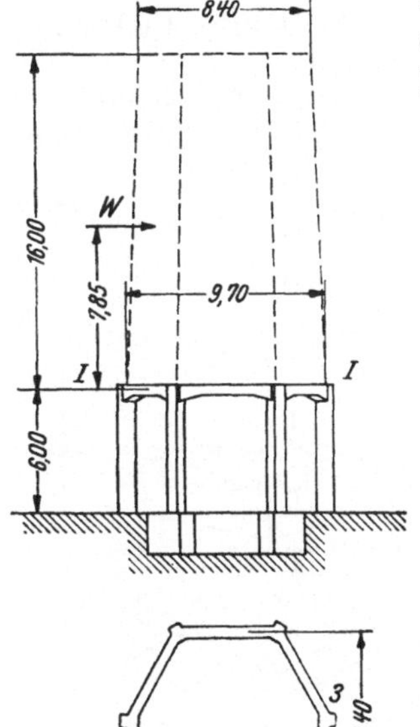

Abb. 38.

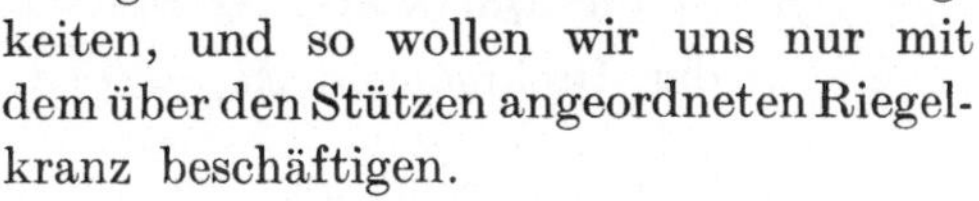

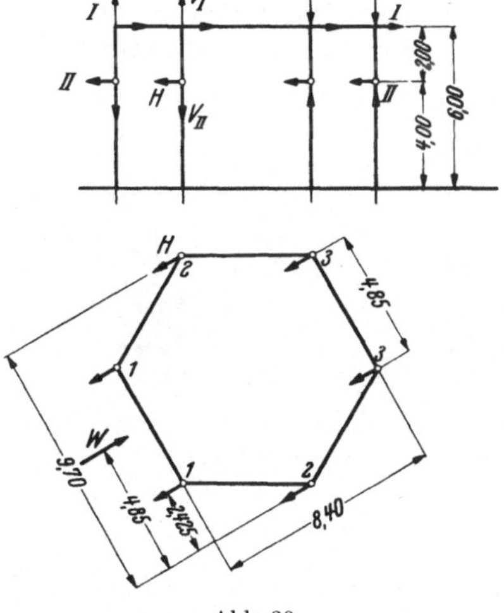

Abb. 39.

Die von den Stützen auf den Kranz übertragenen Momente und lotrechten Kräfte sind in Abb. 40 dargestellt, wobei

$$V = V_{II} - V_I = \pm 1,35 \text{ t}; \quad M = 1,89 \cdot 2,0 = 3,78 \text{ tm}.$$

Die Gleichgewichtskontrolle lautet:

$$6 M = 2 V \cdot 8,40.$$

Aus Symmetriegründen wirken in den Schnitten *A* und *B* weder Querkräfte noch Drehmomente, es können nur Biegung und Normalkraft vorhanden sein. Zur Bestimmung der inneren Kräfte schneiden wir zunächst den Ring in *B* auf und denken ihn im Schnitt *A* festgehalten. Im so entstandenen Hauptsystem sind die Stäbe *1—1* und *3—3* spannungslos, wodurch der Ring in zwei symmetrische Teile zerfällt. Auf diese Weise entsteht das Gebilde in Abb. 41, dessen Belastungsschema dadurch vereinfacht wurde, daß die Normalkraft und das Moment in den Punkten *1* und *3* zur Mittelkraft vereinigt sind. Diese wirkt im Abstand

$$\frac{3{,}78}{1{,}35} = 2{,}80 \text{ m},$$

liegt also symmetrisch zum betreffenden Stabe. Für den Schnitt k ist dann

$$\text{die Querkraft} \quad Q = V = 1{,}35 \text{ t},$$
$$\text{das Drehmoment} \quad M_d = Q \cdot d = 1{,}35 \cdot 1{,}40 = 1{,}89 \text{ tm}.$$

Diese beiden Größen sind auf der ganzen Stablänge konstant; das Biegungsmoment im Schnitt k ist $M_b = V \cdot b$, in Stabmitte $= 0$, an den Stabenden $\pm 1{,}35 \cdot 2{,}425 = \pm 3{,}27 \text{ tm}$. Querkraft und Momentenflächen sind in Abb. 41 über den Stäben dargestellt.

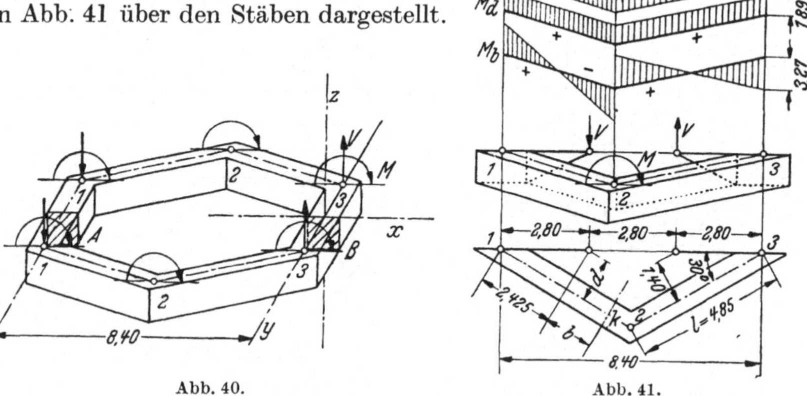

Abb. 40.   Abb. 41.

Um die im Schnitt B wirkenden Kräfte zu bestimmen, müssen wir die gegenseitigen Verschiebungen und Verdrehungen der beiden Endquerschnitte B ermitteln.

Infolge Symmetrie kann eine Verschiebung nur in der y-Richtung (Abb. 40) erfolgen. Aus denselben Gründen ist eine Torsionsverdrehung der Querschnitte um die genannte Achse nicht möglich. Es können nur folgende Formänderungen auftreten: 1. Verschiebung in der Richtung y, 2. Verdrehung um die Achse x, 3. Verdrehung um die Achse z.

Von den im Hauptsystem wirkenden inneren Kräften sollen zur Ermittlung der Formänderungen nur die Momente herangezogen werden; der Einfluß der Querkraft wird vernachlässigt. Die Drehachsen der Biegungs- sowie auch der Drehmomente liegen in der xy-Ebene, und so können die Schnitte B weder in der y-Richtung verschoben noch um die z-Achse verdreht werden. Es bleibt als einzige Möglichkeit eine Verdrehung um die x-Achse. Dieser Formänderung entspricht ein Biegungsmoment X im Stabe *3—3* (in der Kraftebene yz).

Die in Abb. 41 dargestellten Biegungsmomente der Stäbe *1—2* und *2—3* rufen in B keine Verdrehung hervor, da sich die Momentenflächen innerhalb eines jeden Stabes ausgleichen und nur die Endquerschnitte parallel verschieben. Es muß also nur der Einfluß der Drehmomente bestimmt werden.

Der Verdrehungswinkel beträgt für die Längeneinheit bei Quadratquerschnitt:

$$\vartheta = 7{,}2 \frac{M_d}{h^4 \cdot G},$$

wird $G = 0{,}385\,E$ gesetzt, dann ist

$$\vartheta = 18{,}7 \frac{M_d}{h^4 \cdot E}.$$

Die relative Verdrehung der Endquerschnitte des Stabes *1—2* um die Stabachse wird

$$18{,}7 \frac{M_d\,l}{h^4 E}.$$

Diese Verdrehung ruft im Schnitte B eine cos 30°fache Verdrehung um die x-Achse hervor; dieselbe Verdrehung wird im selben Sinne von Stab *2—3* erzeugt, im Querschnitt B entsteht daher eine Verdrehung um die x-Achse:

$$\delta_0 = 2 \cdot \cos 30^\circ \cdot 18{,}7 \frac{M_d\,l}{h^4 E} = 32{,}4 \frac{M_d\,l}{h^4 E}.$$

Nun muß noch die von $X = -1$ hervorgerufene Verdrehung bestimmt werden. Aus den durch Zerlegung des Momentenvektors ermittelten und in Abb. 42 dargestellten Dreh- und Biegungsmomentenflächen ergibt sich die Verdrehung bei B wie folgt:

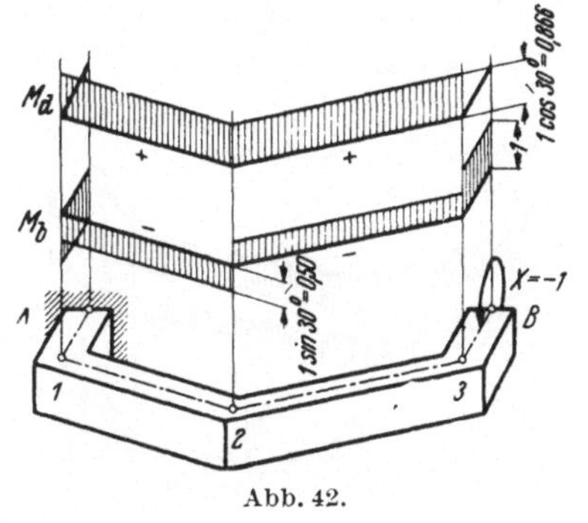

Abb. 42.

a) Einfluß der Drehmomente (berechnet aus δ_0 für $M_d = 1 \cdot \cos 30^\circ = 0{,}866$):

$$\delta_{1d} = 28{,}0 \frac{l}{h^4 E}.$$

b) Einfluß der Biegungsmomente: Der Verdrehungswinkel für die Längeneinheit beträgt:

$$\varkappa = \frac{12\,M_b}{h^4 E}.$$

Verdrehung aus den Strecken *A—1* und *B—3*:

$$2 \frac{l}{2} \frac{12 \cdot 1}{h^4 E} = \frac{12\,l}{h^4 E}.$$

Die Strecke *2—3* liefert eine Winkeländerung von:

$$l \frac{12 \cdot 0{,}5}{h^4 E} = \frac{6\,l}{h^4 E},$$

bezogen auf eine rechtwinklig zu dieser Strecke stehende Drehachse. Hiervon entfällt auf die Drehachse x der sin 30°fache Betrag; dasselbe gilt mit demselben Vorzeichen für Stab *1—2*, und so ist der Verdrehungsbeitrag aus Biegung:

$$\delta_{1b} = \frac{12\,l}{h^4 E} + 2 \cdot \sin 30° \frac{6\,l}{h^4 E} = \frac{18\,l}{h^4 E}$$

und der Verdrehungswinkel bei B infolge $X = -1$:

$$\delta_1 = \delta_{1d} + \delta_{1b} = \frac{46\,l}{h^4 E}.$$

Das unbekannte Biegungsmoment im Schnitt B ist demnach:

$$X = \frac{\delta_0}{\delta_1} = \frac{32,4}{46}\,M_d = 0,7\,M_d = 0,7 \cdot 1,89 = 1,32 \text{ tm}$$

(von der Spannweite l unabhängig).

Dieses Moment ruft in den einzelnen Stäben folgende Momente hervor:

Stab	Drehmoment	Biegungsmoment
A—1	0	$+1,32$ tm
1—2	$-0,866 \cdot 1,32 = -1,14$ tm	$1,32 \cdot \tfrac{1}{2} = +0,66$ tm
2—3	$-1,14$ tm	$-0,66$ tm
3—B	0	$-1,32$ tm

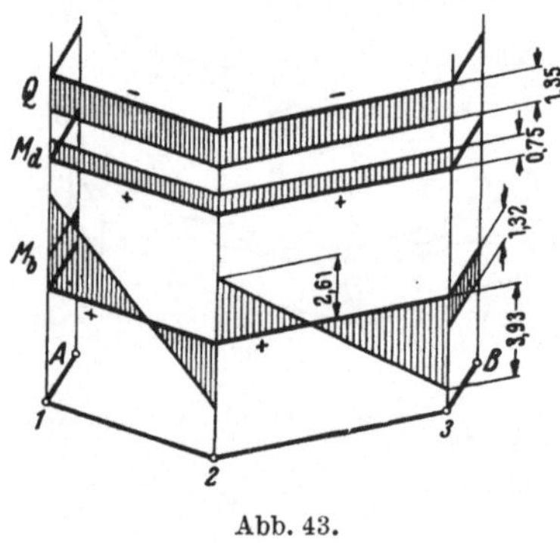

Abb. 43.

Durch Addition der Hauptsystemmomente (Abb. 41) mit den hier ermittelten ergeben sich für den Riegelkranz die auf Abb. 43 dargestellten Momentenflächen.

Wenn sich die Windrichtung dreht, dann wird ein und derselbe Stab der Reihe nach die für die Stäbe *1—2*, *2—3*, *3—3* usw. gezeichneten Beanspruchungen erleiden. Die Stäbe sind daher alle für folgende Kraftwirkungen zu bemessen:

Biegungsmomente über den Stützen $\pm 3,93$ tm, in Feldmitte $\pm 1,32$ tm.

Querkraft auf der ganzen Stablänge gleichbleibend $\pm 1,35$ t.

Drehmomente auf der ganzen Stablänge gleichbleibend $\pm 0,75$ tm.

Bemessung gegen Schub und Verdrehung.

Die größte Randspannung ist in halber Höhe der inneren Riegelfläche:

$$\tau = \frac{1350}{40 \cdot \tfrac{7}{8} \cdot 36} + \left(3 + \frac{2,6}{\tfrac{40}{40} + 0,45}\right) \frac{75\,000}{40^3} = 1,07 + 5,63 =$$

$$= 6,7 \text{ kg/cm}^2 > 6,0 \text{ kg/cm}^2.$$

Querkraft und Drehmoment sind daher auf der ganzen Strecke durch Bewehrung aufzunehmen, und die Bewehrung ist nachzuweisen.

a) Schubbewehrung.

Bei gleichbleibender Querkraft ergibt sich die abzubiegende Eisenmenge für die ganze Stablänge zu

$$F_e = \frac{\tau \cdot l \cdot b}{\sigma_e \sqrt{2}} = \frac{1,07\,(485 - 2 \cdot 30)\,40}{1200 \cdot \sqrt{2}} = 10,7 \text{ cm}^2,$$

verw. $5 \cdot 2 \varnothing 12$ mm $= 11,3$ cm².

Da die Querkraft nach beiden Richtungen wirken kann, müssen auf- und absteigende Diagonalen angeordnet werden.

b) Drehbewehrung.

Das auf Querschnittmitte bezogene Drehmoment beträgt 0,75 tm. Es soll Bügelbewehrung angeordnet werden, bestehend aus 4 Längsstäben

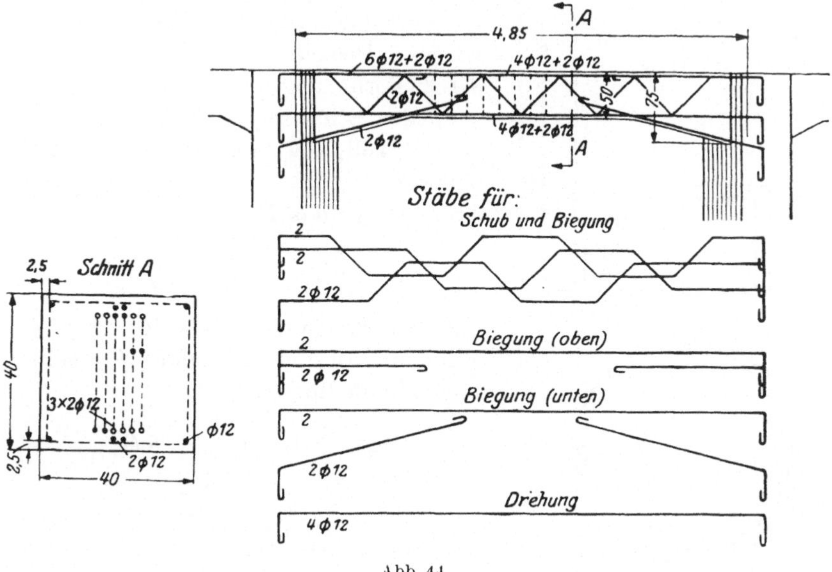

Abb. 44.

(in jeder Querschnittecke ein Stab) und Bügeln. Der von der Torsionsbewehrung umschlossene Betonquerschnitt ist: $F = 35^2 = 1220$ cm², der Stababstand $t = 35$ cm; der Querschnitt eines Längsstabes ist dann nach Formel (10)

$$F_e = \frac{75\,000 \cdot 35}{2 \cdot 1200 \cdot 2220} = 0,9 \text{ cm}^2, \text{ verw. } 4 \varnothing 12 \text{ mm} = 4 \cdot 1,13 \text{ cm}^2.$$

Als Bügel sollen $\varnothing$ 7 mm mit 0,385 cm² angeordnet werden; der Bügelabstand berechnet sich dann zu

$$t_b = \frac{0,385}{0,9}\,35 = 15\ \text{cm}.$$

Die gesamte Bewehrung des Stabes ist in Abb. 44 dargestellt. Zur
größeren Deutlichkeit sind die einzelnen Eisenstäbe besonders heraus-
gezeichnet. Die abgebogenen Stäbe ergeben schon die Hälfte der erforderlichen Biegungsbewehrung, so daß nur 2 $\varnothing$ 12 mm durchgehend
oben und unten verlegt werden müssen. Die Stabenden werden durch
lotrechte Abbiegungen in den Stützen verankert.

5. Eisenbeton-Kühlturmgerüst (8-Eck)[2]).

Bei diesem Beispiel handelt es sich um einen massiven Kühlturm
(mit Eisenbetonschlot) nach Abb. 45.

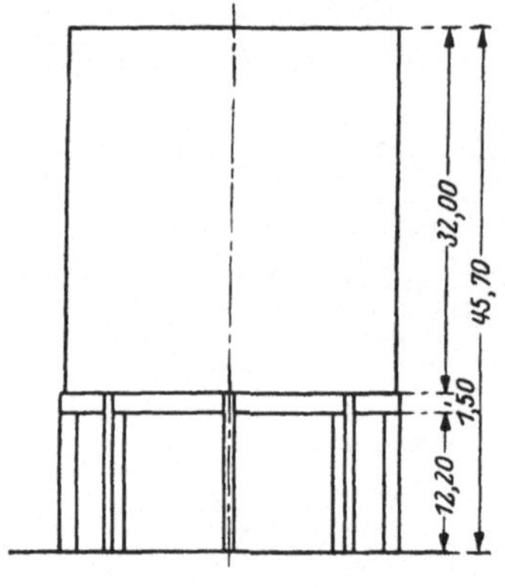

Die Ermittlung der Biegungs- und
Drehmomente im Ringträger soll hier
zunächst in allgemeiner Form (nicht
zahlenmäßig) unter denselben Annahmen
wie bei Beispiel 4, nur jetzt für die
8-Eck-Form, angegeben werden:

Jeder Stiel erhält in $\frac{2}{3}h$ Höhe ein
achtel Teil des waagerechten Wind-
druckes W, und so wirkt an jedem
Stützenkopf das Moment

$$M_s = \frac{W}{8}\,\frac{h}{3} = \frac{Wh}{24}$$

auf den Ringträger (Abb. 46). Für die
Windzusatzlasten A_1 und A_2 gelten
folgende Bedingungen:

$$4\,A_1\,\frac{d}{2} + 4\,A_2\,\frac{l}{2} = 8\,M_s,$$

$$\frac{A_1}{A_2} = \frac{d}{l},$$

und daraus ist

$$A_1 = \frac{\sqrt{2}}{l}\,M_s.$$

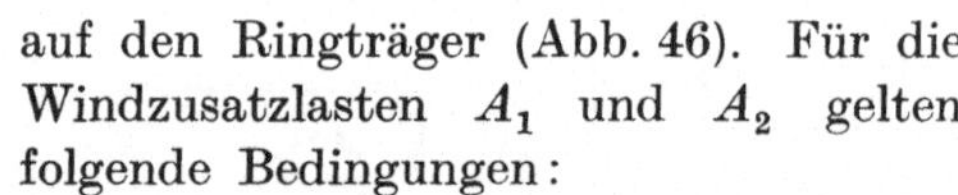

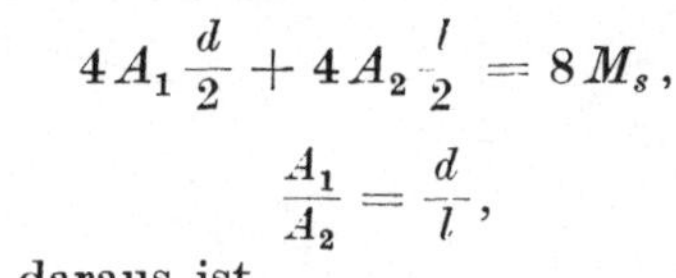

Abb. 45.

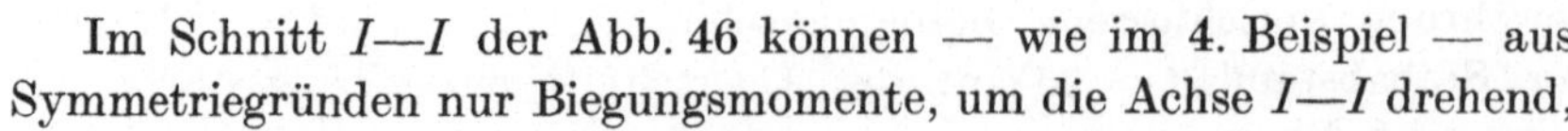

Im Schnitt $I\!-\!I$ der Abb. 46 können — wie im 4. Beispiel — aus
Symmetriegründen nur Biegungsmomente, um die Achse $I\!-\!I$ drehend,

---

²) Die folgenden Beispiele Nr. 5—8 sind ausgeführten Bauteilen entnommen,
die nach Angaben des Verfassers von der Fa. C. Brandt, Berlin, hergestellt
wurden.

wirken (von den in der Ringebene wirkenden Momenten sei nicht die Rede, da sie auf die Drehmomente keinen Einfluß haben und hier nicht interessieren). Wir denken uns den Ring an der Stelle *0* aufgeschnitten

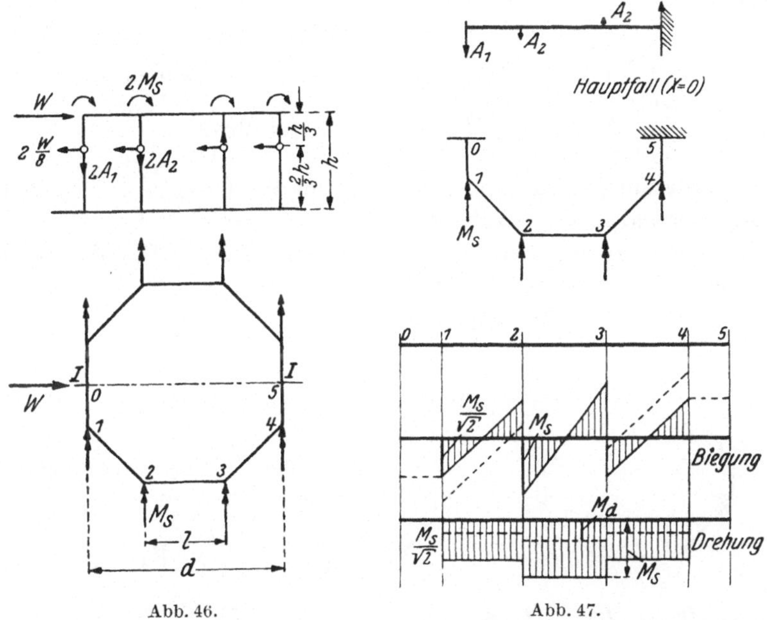

Abb. 46.   Abb. 47.

und ermitteln das dort wirkende statisch unbekannte Biegungsmoment X aus den Endverdrehungen des an der Stelle *5* eingespannten Stabzuges wie folgt:

1. Verdrehung des Endquerschnittes um die Achse *I—I* für den statisch bestimmten Hauptfall ($X = 0$, Abb. 47).

Die Stäbe *0—1* und *4—5* sind spannungslos. Die Momente sind in der unteren Hälfte der Abb. 47 aufgetragen. Unmittelbar rechts von Punkt *2* errechnen sich die Momente beipsielsweise wie folgt:

$$\text{Biegung:}\quad 2M_s - A_1\frac{l}{\sqrt{2}} = M_s,$$

$$\text{Drehung:}\quad A_1\frac{l}{\sqrt{2}} = M_s.$$

Die Biegungsmomente rufen — wie bei dem 4. Beispiel — keine Verdrehung des Endquerschnittes hervor. Die von den Drehmomenten herrührende Verdrehung ist bei Rechteckquerschnitt mit Breite b und Höhe a:

$$\vartheta = 3{,}6\frac{b^2 + a^2}{b^3 a^3}\frac{M_d}{G} = 3{,}6\frac{1 + \left(\frac{a}{b}\right)^2}{b a^3}\frac{M_d}{G},$$

mit $G = 0{,}385\,E$ und $b\,a^3 = 12\,J$ wird

$$\vartheta = 3{,}6 \cdot \left[1 + \left(\frac{a}{b}\right)^2\right] \frac{M_d}{12\,J\,0{,}385\,E} = 0{,}78 \left[1 + \left(\frac{a}{b}\right)^2\right] \frac{M_d}{EJ} = c\,\frac{M_d}{EJ}\,,$$

wobei

$$c = 0{,}78 \left[1 + \left(\frac{a}{b}\right)^2\right].$$

Die Endverdrehung des Stabzuges erhält man demnach für den Hauptfall wie folgt:

$$EJ\,\delta_0 = c\left(M_s\,l + 2\frac{1}{\sqrt{2}}\frac{M_s}{\sqrt{2}}l\right) = 2\,c\,l\,M_s\,.$$

2. Verdrehung des Endquerschnittes um die Achse $I{-}I$ für den Belastungszustand $X = 1$ (Abb. 48).

Die Momente sind auf Abb. 48 unten dargestellt. Die Verdrehung des Querschnittes 0 ergibt sich zu:

$$EJ\,\delta_1 = c\left(1{,}0 \cdot l + 2\frac{1}{\sqrt{2}}\frac{1}{\sqrt{2}}l\right) \text{ aus Drehung } +$$

$$+ 2\left(1{,}0\,\frac{l}{2} + \frac{1}{\sqrt{2}}\frac{1}{\sqrt{2}}l\right) \text{ aus Biegung } = 2\,c\,l + 2\,l\,.$$

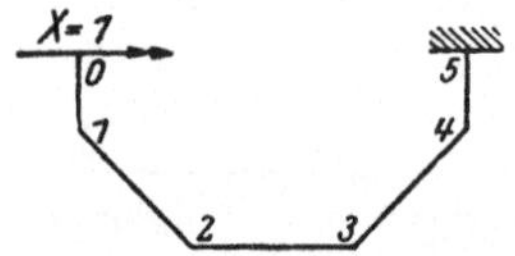

Das gesuchte Biegungsmoment an der Stelle 0 ist dann:

$$X = \frac{\delta_0}{\delta_1} = \frac{2\,c\,l}{2\,c\,l + 2\,l}\,M_s = \frac{c}{1 + c}\,M_s\,.$$

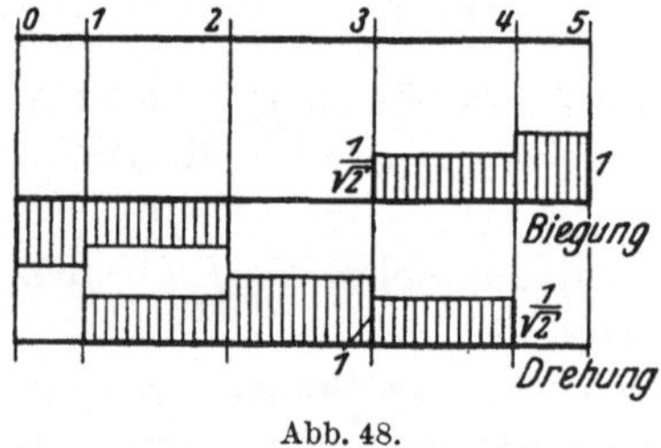

Abb. 48.

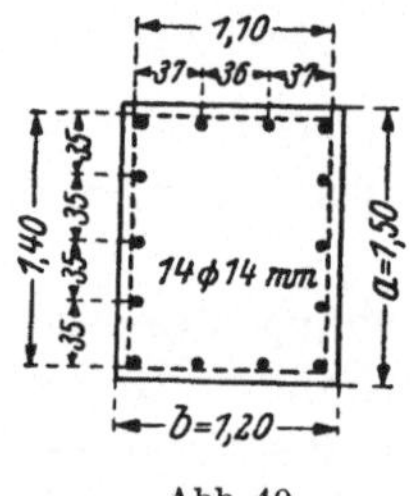

Abb. 49.

Beim vorliegenden Beispiel betrugen die mittleren Abmessungen des rechteckigen Ringbalkenquerschnittes: $a = 1{,}50$ m, $b = 1{,}20$ m; dann ist

$$c = 0{,}78 \left[1 + \left(\frac{1{,}5}{1{,}2}\right)^2\right] = 2{,}0 \quad \text{und} \quad X = \frac{2}{3}\,M_s\,.$$

Hieraus ergibt sich das endgültige Momentenbild, wie es auf Abb. 47 unten gestrichelt eingezeichnet wurde. Das größte Drehmoment ergibt sich an der Strecke $2{-}3$ zu

$$M_d = M_s\left(1 - \frac{2}{3}\right) = \frac{1}{3}\,M_s = \frac{W\,h}{72}\,.$$

Mit $W = 32{,}0 \cdot 28{,}0 \cdot 0{,}150 \cdot \frac{2}{3} = 90$ t und $h = 13{,}0$ m erhält man

$$M_d = \frac{90{,}0 \cdot 13{,}0}{72} = 16{,}2 \text{ tm}\,.$$

Die aus Querkraft und Drehmoment sich ergebende größte Schubspannung überschreitet den Grenzwert, es wird daher zur Aufnahme der Drehmomente nach Abb. 49 Bügelbewehrung nachgewiesen, bestehend aus 14 Längsstäben und Rechteckbügeln. Querschnitt eines Längsstabes:

$$F_e = \frac{1\,620\,000 \cdot 36}{2 \cdot 1200 \cdot 140 \cdot 110} = 1,58 \text{ cm}^2; \quad \text{verw. } 1 \varnothing 14 \text{ mm mit } F_e = 1,54 \text{ cm}^2.$$

Als Bügel werden Stäbe $\varnothing$ 10 mm ($F_e = 0,785$ cm²) in Abständen

$$t_b = \frac{0,785}{1,85}\,36 = 18 \text{ cm}$$

verwendet.

6. Außermittig belasteter Fenstersturz.

Dieser Fall ergab sich bei der Errichtung einer freistehenden Hallenumfassungswand in Eisenbetonskelettbauweise nach Abb. 50 (Sturz S). An den Sturz war keine Decke angeschlossen, er wurde daher durch das

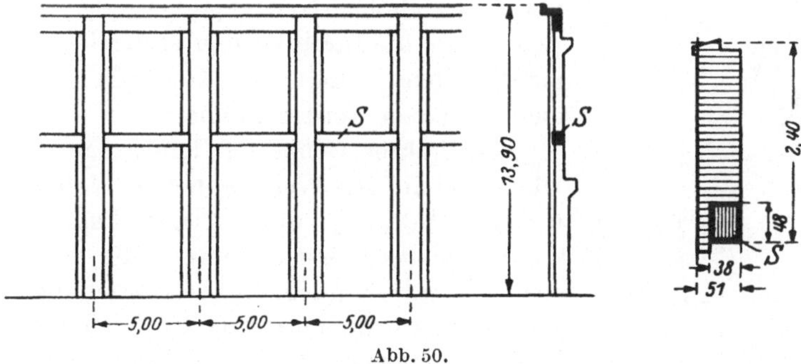

Abb. 50.

außermittig sitzende Brüstungsmauerwerk auf Verdrehung beansprucht. Der Rechnungsgang gestaltet sich sehr einfach wie folgt:

Gleichmäßig verteilte Belastung pro meter:

$$\text{Mauerwerk } 0,51 \cdot 2,40 \cdot 1800 = 2220 \text{ kg/m}$$
$$\text{Betonzusatzgewicht } 0,38 \cdot 0,48 \,(2400\text{—}1800) = \underline{\quad 110 \quad ,,}$$
$$g = 2310 \text{ kg/m}$$

Einzellast (Fensterpfeiler) in der Mitte $G = 0,38 \cdot 0,51 \cdot 3,0 \cdot 1800 = 1050$ kg.

Größte Querkraft am Auflager ($l = 3,50$ m):

$$Q = \tfrac{1}{2}\,(3,50 \cdot 2310 + 1050) = 4600 \text{ kg,}$$

$$\text{Exzentrizität } e = \tfrac{1}{2}\,(51 - 38) = 7 \text{ cm,}$$

$$\tau_{\max} = \frac{4600}{38 \cdot 48}\left[\frac{4}{3} + \left(3 + \frac{2,6}{\frac{48}{38} + 0,45}\right)\frac{7}{38}\right] = 5,4 \text{ kg/cm}^2.$$

Es wird Bügelbewehrung angeordnet, bestehend aus 4 Längsstäben in den Ecken des Querschnitts und Rechteckbügeln.

$$M_d = 4600 \cdot 7 = 32000 \text{ kgcm}.$$

Der Querschnitt eines Längsstabes ist

$$F_e = \frac{32000 \cdot \frac{1}{2}(34 + 44)}{2 \cdot 1200 \cdot 34 \cdot 44} = 0,35; \quad \text{verw.} \ \varnothing \ 8 \text{ mm} \ \text{mit} \ F_e = 0,5 \text{ cm}^2.$$

Als Bügel werden $\varnothing$ 6 mm angeordnet mit $F_e = 0,28$ cm² Querschnitt in Abständen:

$$t_b = \frac{0,28}{0,35} \frac{1}{2}(34 + 44) = \sim 30 \text{ cm}.$$

7. Fundamentstreifen für eine Giebelwand.

Bei Giebelfundamenten besteht in der Regel die Schwierigkeit, daß das Fundamentbankett außermittig beansprucht wird, da das Fundament in das Nachbargrundstück nicht ausladen darf. Es entstehen dadurch auch oft unzulässig hohe Kantenpressungen in der Bodenfuge, die durch Verbreiterung des Fundamentstreifens nach dem Gebäudeinnern zu nicht behoben werden können.

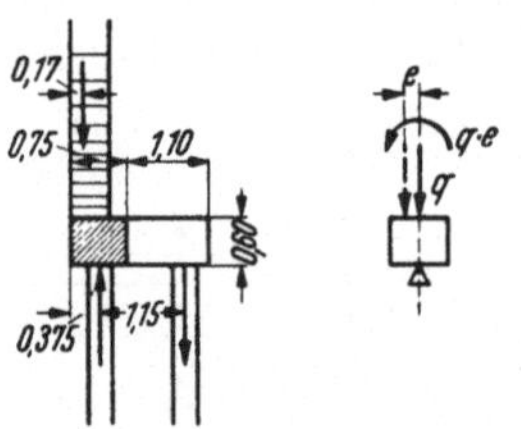

Bei direkter Gründung kann man diesem Übelstand in der Weise abhelfen, daß in gewissen Abständen quer gelegte Fundamentstreifen angeschlossen werden, die dann die aus der außermittigen Beanspruchung der Giebelfundamente herrührenden Drehmomente als Biegungsmomente übernehmen. Der Giebelfundamentstreifen wird in diesem Falle zwischen den Querfundamenten auf Verdrehung beansprucht.

Beim vorliegenden Beispiel handelt es sich um eine Pfahlgründung (Abb. 51), und die Sicherung des Giebelfundamentstreifens gegen das Drehmoment erfolgte — im Sinne

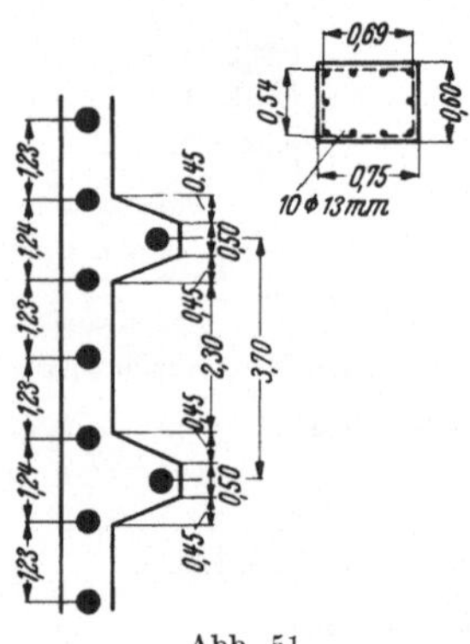

Abb. 51.

der eben erwähnten Querfundamente — durch nach innen herausragende Fundamenthebelarme, die gegen Abheben mit je einem Zugpfahl gesichert wurden. Die zwischen den Hebeln verbleibenden 2,30 m langen Fundamentstreifen werden durch die außermittige Belastung auf Verdrehung beansprucht. Die Drehmomente ergeben biegende Kragmomente für die Fundamenthebel und werden durch die Zugpfähle in Gleichgewicht gehalten.

Die gleichmäßig verteilte Wandlast $q = 15,6$ t/m wird in eine mittig angreifende Belastung q und ein Drehmoment $q \cdot e = 15,6 \cdot 0,205$

$= 3,2$ tm zerlegt. Die mittige Belastung verursacht Biegungsmomente für den über den Pfählen durchlaufenden Fundamentstreifen (Spannweite 1,23 m); für das Drehmoment gilt dagegen als Spannweite der um die Einspannungslänge vergrößerte freie Abstand zwischen den Fundamentnasen, also $2,30 + 2 \cdot 0,20 = 2,70$ m. Das größte Drehmoment ist demnach

$$M_d = \tfrac{1}{2}\, 2,70 \cdot 3,2 = 4,3 \text{ tm}.$$

Die aus Schub und Drehung sich ergebende größte Randspannung überschreitet den Grenzwert, es wird daher zur Aufnahme der Drehmomente wieder Bügelbewehrung nachgewiesen, bestehend aus 10 Längsstäben und rechteckigen Bügeln.

Querschnitt eines Längsstabes:

$$F_e = \frac{430\,000 \cdot 27}{2 \cdot 1200 \cdot 54 \cdot 69} = 1,3 \text{ cm}^2; \quad \text{verw. } \varnothing\ 13 \text{ mm mit } F_e = 1,32 \text{ cm}^2.$$

Als Bügel werden Stäbe $\varnothing$ 10 mm ($F_e = 0,785$ cm²) vorgesehen in Abständen:

$$t_b = \frac{0,785}{1,3}\, 0,27 = 16,5 \text{ cm}.$$

8. Winkelstützmauer in Eisenbeton als mittlere Trennwand einer Kunstdünger-Lagerhalle.

Die etwa 80,0 m lange Lagerhalle, deren Querschnitt auf Abb. 52 dargestellt ist, bestand im unteren Teil aus Eisenbeton zur Aufnahme der Lasten der Holzüberdeckung und der Seitendrücke des Füllgutes.

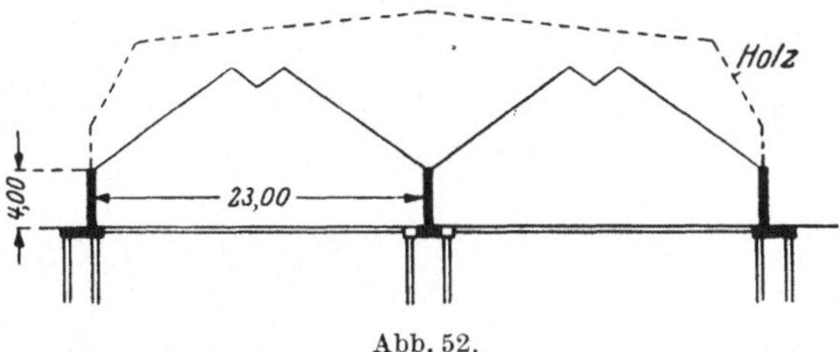

Abb. 52.

Die Gründung mußte auch hier mittels Eisenbetonpfähle vorgenommen werden (die Seitenschübe wurden durch Zugbänder in Hallensohle aufgehoben).

Bei der Konstruktion der Mittelwand erschien es zunächst zweckmäßig, die Sohlenplatte nach beiden Seiten weit ausladen zu lassen, um hierdurch bei einseitiger Füllung das Kippmoment zu verringern und den Hebelarm der beiden Pfahlreihen zu vergrößern und dadurch Pfähle zu sparen. Durch die Verbreiterung der Sohle steigt jedoch auch die lotrechte Komponente des Füllungsdruckes erheblich, so daß der günstige Einfluß dieser konstruktiven Maßnahme durch die Zunahme der Pfahlbelastungen wieder aufgehoben wird. Um bei möglichst großem

Pfahlhebelarm dennoch nicht zu viele lotrechte Lasten zu bekommen, ist die Mittelwand in der auf Abb. 53 dargestellten Weise ausgebildet worden, indem die Pfähle mit breiter Sohlenplatte zu Gruppen zusammengefaßt wurden und die Sohle im übrigen zwischen den Pfahlgruppen mit kleinerer Breite ausgeführt ist. Das vom Erddruck E verursachte Kippmoment wird als Drehmoment in den 1,60 m breiten und 0,60 m hohen Sohlenbalken geleitet und durch die Pfahlgruppen in Gleichgewicht gehalten.

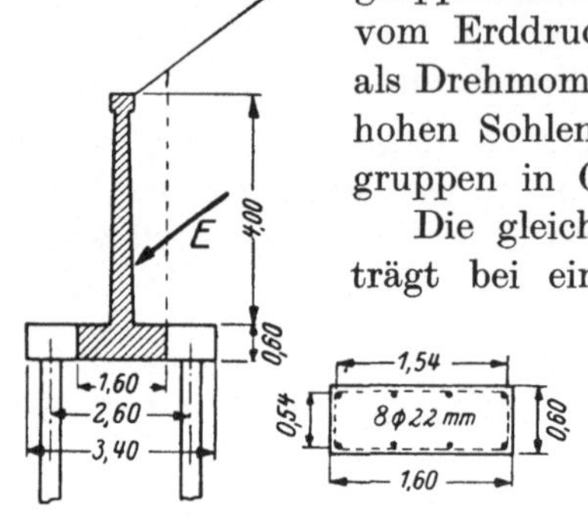

Die gleichmäßig verteilte Wandbelastung beträgt bei einseitiger Füllung $q = 17,15$ t/m mit einer Exzentrizität $e = 0,29$ m. Bei 5,50 m Spannweite ist daher das größte Drehmoment:

$$M_d = \tfrac{1}{2}\,5,50 \cdot 17,15 \cdot 0,29 = 13,7 \text{ tm.}$$

Die größte Schubspannung überschreitet auch hier den Grenzwert, es wird daher Drehbewehrung nachgewiesen, und zwar Bügelbewehrung, bestehend aus 8 Längsstäben und rechteckigen Bügeln.

Querschnitt eines Längsstabes:

$$F_e = \frac{1\,370\,000 \cdot \tfrac{1}{2}\,(54 + 51)}{2 \cdot 1200 \cdot 154 \cdot 54} = 3,6 \text{ cm}^2;$$

verw. je $1 \oslash 22$ mm, $F_e = 3,8$ cm².

Als Bügel wurden Stäbe $\oslash 12$ mm mit $F_e = 1,13$ cm² gewählt. Ihr Abstand beträgt

$$t_b = \frac{1,13}{3,6}\,\frac{1}{2}\,(54 + 51) = 16,5 \text{ cm.}$$

Abb. 53.

9. Blockfundament auf Federn für einen Dieselmotor.

Das in Abb. 54 dargestellte auf Stahl-Schraubenfedern gelagerte Eisenbeton-Blockfundament für einen Dieselmotor ist unter anderem gegen die Fliehkraft des Schwungrades zwischen Motor und Generator zu bemessen, die bei einer Exzentrizität der Schwungmassen entstehen kann. Diese Fliehkraft ergibt je eine lotrechte und waagerechte periodische Kraft. Von der lotrechten Kraftwirkung sei hier nicht die Rede, da diese nur Biegung in der lotrechten Längsebene hervorruft.

Bei der weichfedernden Auflagerung ist der Block sozusagen als im Raume frei schwebender Körper ohne Stützung zu betrachten, so daß die waagerechte hin- und hergehende periodische Kraft praktisch nur durch die Massenkräfte und -momente des Fundamentkörpers im

Gleichgewicht gehalten wird. Die dynamische Kraft kann durch eine statische Ersatzkraft P ersetzt werden[3]), die nach Abb. 54 an den

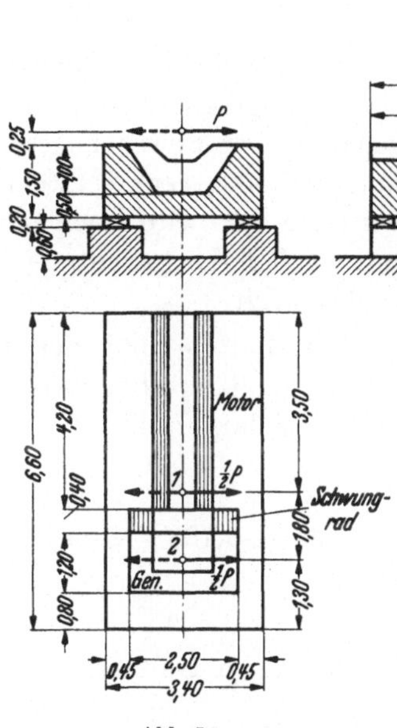

Abb. 54.

beiden Stellen 1 und 2 angreift und nach rechts oder links wirkt. Wir wollen die Fundamentbeanspruchung im Falle der nach rechts gerichteten Kraft bestimmen.

Es werden nach Abb. 55 im Schwerpunkt des Fundamentquerschnittes die Kräfte $+P$ und $-P$ hinzugefügt. Das Kräftepaar P und $-P$ ruft ein Drehmoment

$$M = P \cdot p = 67,0 \cdot 1,0 = 67,0 \, \text{tm}$$

hervor, das je zur Hälfte an den Stellen 1 und 2 angreift (Doppelpfeile im Grundriß). Dieses Moment wird durch das gleichmäßig auf die ganze Fundamentlänge verteilte Massenmoment

$$m = \frac{M}{l} = \frac{67,0}{6,60} = 10,15 \, \text{tm je m}$$

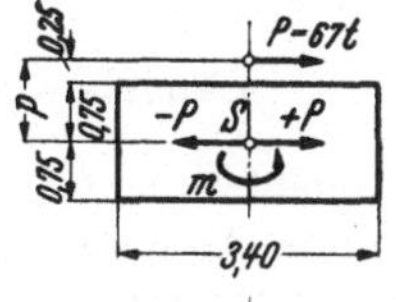

im Gleichgewicht gehalten. Das Fundament wird demnach durch folgende Torsionsmomente beansprucht:

Stelle 1 $M_1 = 3,50 \cdot 10,15 = 35,5 \, \text{tm}$

bzw. $M_1' = 35,5 - \tfrac{1}{2} 67 = 2,0 \, \text{tm}.$

Stelle 2 $M_2 = 2,0 + 1,80 \cdot 10,15 = 20,3 \, \text{tm}$

bzw. $M_2' = 20,3 - \tfrac{1}{2} 67 = -1,3 \cdot 10,15$
$$= -13,2 \, \text{tm}.$$

Der Momentenverlauf ist in Abb. 55 dargestellt.

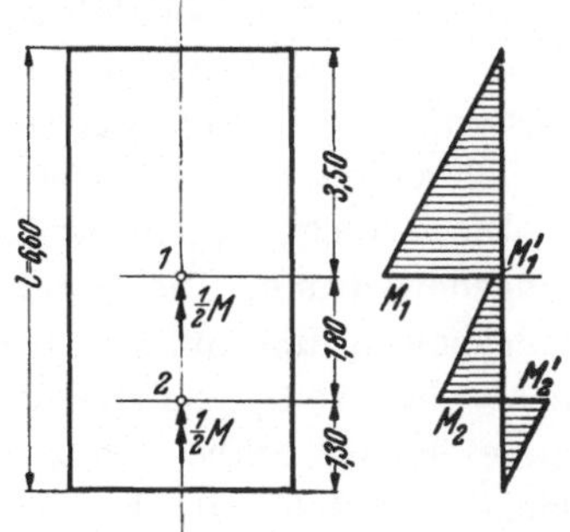

Abb. 55.

---

[3]) Siehe Rausch: „Maschinenfundamente und andere dynamische Bauaufgaben." Vertrieb VDI-Verlag. Berlin 1936.

Obwohl sich die Schwungradgrube zwischen den Stellen *1* und *2* befindet, empfiehlt es sich, diese geschwächte Stelle für das Drehmoment

$$M_2 = \pm 20{,}3 \text{ tm}$$

zu bemessen. Die Anordnung einer Spiralbewehrung ist für solche Fälle undenkbar, es wird also Bügelbewehrung angeordnet. Durch die Eigen-

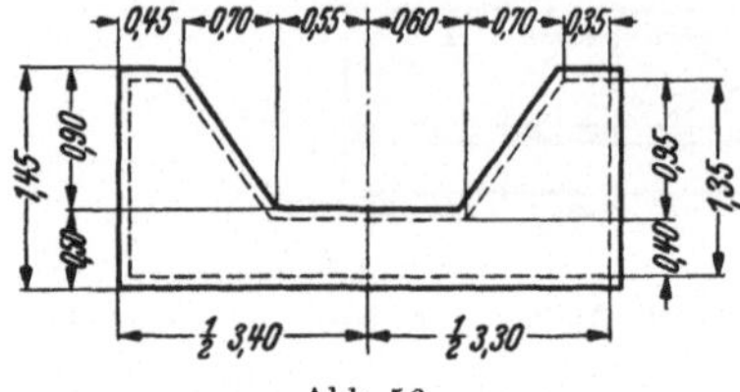

Abb. 56.

schaft dieser Bewehrungsart, daß sie auch bei entgegengesetztem Drehsinn wirksam ist, wird auch der Lastfall mit nach links gerichteter Kraft berücksichtigt.

Der Beton- und der Kernquerschnitt sind in Abb. 56 (nach Abzug einer oberen 5 cm starken Fliesenschicht) dargestellt.

Kernfläche:

$$F = 0{,}40 \cdot 3{,}30 + 0{,}95 \cdot (2 \cdot 0{,}35 + 0{,}70) = 2{,}65 \text{ m}^2,$$

Längsbewehrung [nach Formel (12)]:

$$f_e = \frac{20{,}3}{2 \cdot 1{,}2 \cdot 2{,}65} = 32 \text{ cm}^2 \text{ je m Umfang.}$$

Davon entfallen auf die Umfangsstrecken:

a) Unterfläche:		$3{,}2 \cdot 3{,}30$	$= 10{,}5$ cm²
b) Oberfläche:	1. innen	$3{,}2 \cdot 1{,}20$	$= 3{,}8$ cm²
	2. Schrägen	$3{,}2 \cdot 1{,}18 \cdot 2 =$	$7{,}5$ cm²
	3. seitlich	$3{,}2 \cdot 0{,}35 \cdot 2 =$	$2{,}2$ cm²
c) Seitenflächen:		$3{,}2 \cdot 1{,}35 \cdot 2 =$	$8{,}5$ cm²

Längsbewehrung insgesamt: 32,5 cm²

Bügel (wie Längsbewehrung): 3,2 cm² je m Fundamentlänge (nach dem Ende zu dem Momentabfall entsprechend weniger).

Die in Abb. 55 oben übriggebliebene in Schwerpunkthöhe angreifende Kraft $+P$ wird durch die gegenwirkenden verteilten waagerechten Massenkräfte in Gleichgewicht gehalten und ruft nur Biegung in der waagerechten Schwerebene hervor.

Die lotrechte Fliehkraftkomponente erfordert untere und obere Biegungsbewehrung. Die waagerechte Fliehkraftkomponente seitliche Biegungsbewehrung und Drehbewehrung. Die beiden Komponenten wirken nicht gleichzeitig, so daß die für lotrechte Biegung unten und oben vorgesehenen Stäbe als Längsstäbe der Drehbewehrung für a Unterfläche und b 3 seitliche Oberflächen mit verwendet werden können. Für die Bewehrung der Seitenflächen müssen jedoch die erforderlichen

Eisenquerschnitte aus waagerechter Biegung und aus Verdrehung (der oben unter c ermittelte Querschnitt) zusammengezählt werden.

Die Beanspruchung des Betonkörpers infolge einer waagerechten Querkraft ist auch bei fester Auflagerung auf die Grundfläche dieselbe: Die Kraft P ruft in der Auflagerfläche nach Abb. 57 eine Gegenkraft $-P$ und ein Kippmoment

$$M_0 = P(p + s)$$

hervor. Um die inneren Kräfte zu erhalten, müssen die äußeren Kräfte auf die Schwerebene bezogen werden. Wir fügen wieder die Kräfte P_1 und P_2 hinzu. Die Kraftgruppe

$$M_0, \quad -P \text{ und } P_2$$

ergibt ein Moment

$$M = M_0 - P \cdot s = P(p + s) - P \cdot s = P \cdot p,$$

die waagerechte Kraftwirkung P wird also nach Abb. 58 (ebenso wie beim weichfedernd gelagerten Körper) durch eine in der waagerechten

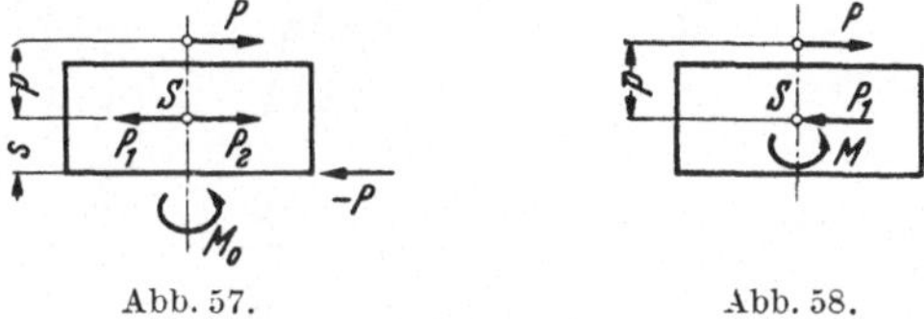

Abb. 57.　　　　　Abb. 58.

Schwerebene wirkende Gegenkraft P_1 und durch ein Moment $M = P \cdot p$ in Gleichgewicht gehalten. Das Moment ist auf die Länge gleichmäßig verteilt ($m = M/l$), und die Drehmomente sind dieselben wie beim vorhin erörterten Fall eines weichfedernd abgestützten Fundamentkörpers (Abb. 55).

10. Fundamentstreifen einer Rahmenbrücke.

Die beiden als Dreigelenkrahmen ausgebildeten Hauptträger einer Eisenbeton-Straßenbrücke von 41,00 m Spannweite (Abb. 59 bis 61) stehen auf Eisenbeton-Fundamentstreifen, die auf Pfähle gegründet sind. Jeder Fundamentstreifen hat die Aufgabe, den von den Rahmen in den beiden je 4,50 m langen Bleigelenken übertragenen Kämpferdruck auf die Pfahlgründung zu übertragen.

Auf einen Fundamentstreifen wirken bei Vollbelastung der Brücke folgende äußere Kräfte (Abb. 62):

Streckenlasten im Kämpfergelenk:

$$V = 587,5 \text{ t}, \quad H = 403,0 \text{ t je Rahmen,}$$

auf die ganze Fundamentlänge gleichmäßig bzw. annähernd gleichmäßig verteilte Kräfte:

$$\text{Fundamentgewicht} \quad G_f = 890 \text{ t}$$
$$\text{Auftrieb} \quad A = 162 \text{ t}$$
$$\text{Erdauflast} \quad G_e = 1070 \text{ t}$$

Erddruck auf Rückwand

$$\text{über Wasser} \quad E_1 = 166 \text{ t}$$
$$\text{unter Wasser} \quad E_2 = 135 \text{ t}$$

und schließlich die Reaktionen der Pfahlgründung:

$$\text{lotrecht} \quad L = 2 \cdot 587{,}5 + 890 - 162 + 1070 = 2973 \text{ t}$$
$$\text{waagerecht} \quad W = 2 \cdot 403 - 166 - 135 = 505 \text{ t}$$
$$\text{Moment} \quad M = 380 \text{ tm.}$$

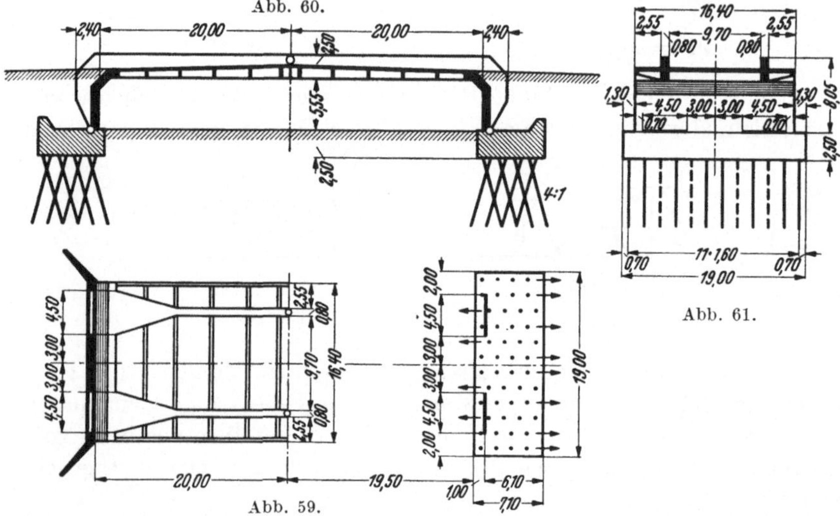

Abb. 60.

Abb. 61.

Abb. 59.

Die aufgezählten Kräfte halten sich am Fundament im Gleichgewicht.

Um die Beanspruchung des Fundamentes infolge dieser Kräfte klarzustellen, denken wir uns die beiden Komponenten $2\,V$ und $2\,H$ des Kämpferdruckes zur Resultierenden $2\,R$ zusammengelegt. Faßt man alle übrigen Kräfte ebenfalls zu ihrer Resultierenden R_0 zusammen, so muß letztere infolge des Gleichgewichtszustandes in derselben Wirkungslinie liegen und ebenso groß, jedoch entgegengesetzt gerichtet sein wie die erstere (Abb. 63). Der Unterschied zwischen beiden liegt nur darin, daß der Kämpferdruck $2\,R$ in Form von zwei Streckenlasten, der Gegendruck R_0 jedoch als auf die ganze Fundamentlänge gleichmäßig verteilte Last wirkt.

Die Kräfte ersetzt man nun durch ihre drei Komponenten im Schwerpunkt und erhält folgende Fundamentbeanspruchungen:

1. Biegung lotrecht nach Abb. 64 und 65,

2. Biegung waagerecht nach Abb. 66 und 67 und

3. Verdrehung nach Abb. 68.

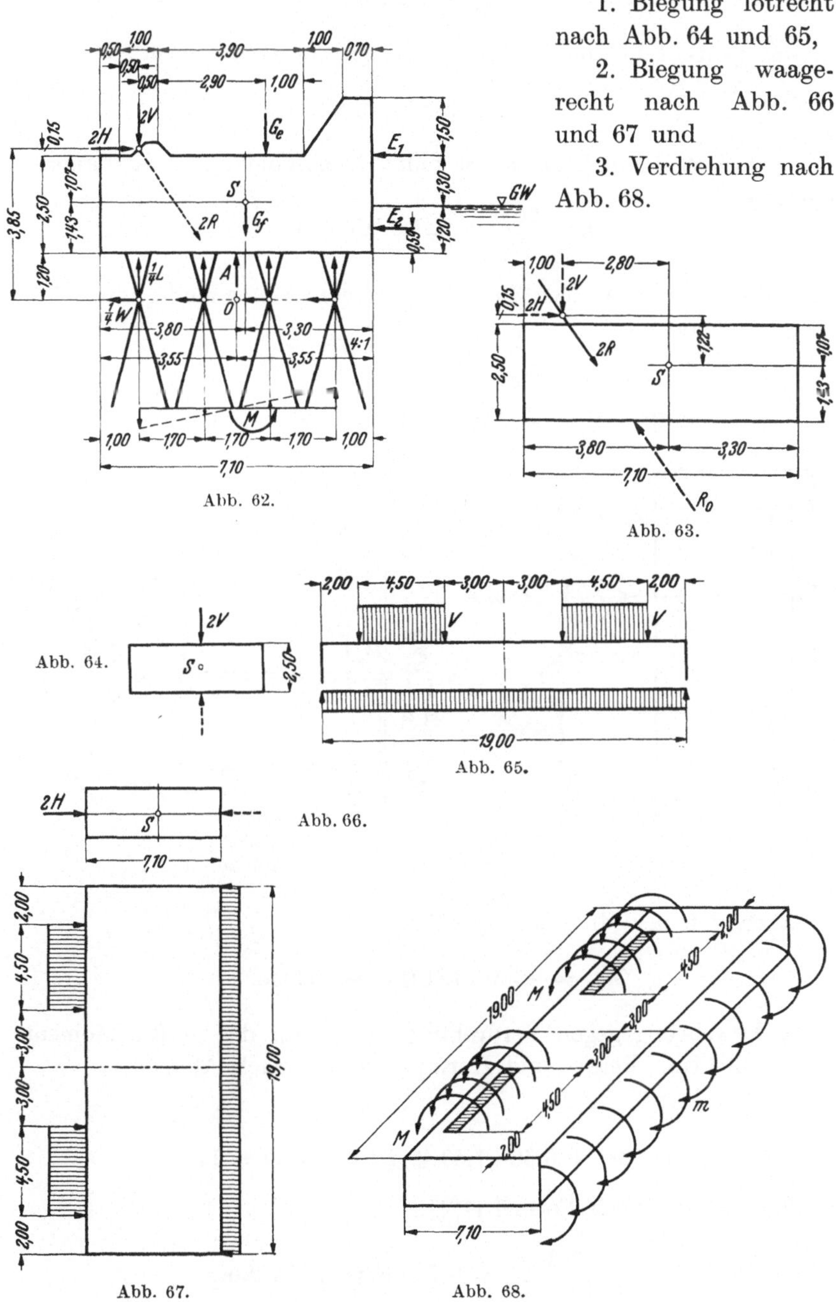

Abb. 62.

Abb. 63.

Abb. 64.

Abb. 65.

Abb. 66.

Abb. 67.

Abb. 68.

Das angreifende Drehmoment beträgt je Rahmen (vgl. Abb. 63):

$$M = 2{,}80 \cdot V - 1{,}22\,H = 2{,}80 \cdot 587{,}5 - 1{,}22 \cdot 403{,}0 = 1640 - 490 = 1150\ \text{tm}.$$

Auf das ganze Fundament wirkt demnach ein Drehmoment:

$$2\,M = 2 \cdot 1150 = 2300\ \text{tm}.$$

Ebenso groß ist das gleichmäßig verteilte Gegenmoment, für die Längeneinheit also

$$m = \frac{2300}{19{,}00} = 121{,}0\ \text{tm je m}.$$

Nach Abb. 69 ergeben sich für die einzelnen Fundamentschnitte folgende Drehmomente:

$$M_I = 2{,}0 \cdot 121{,}0 = 242\ \text{tm},$$
$$M_{II} = 6{,}50 \cdot 121{,}0 - 1150 = 787 - 1150 = -363\ \text{tm},$$

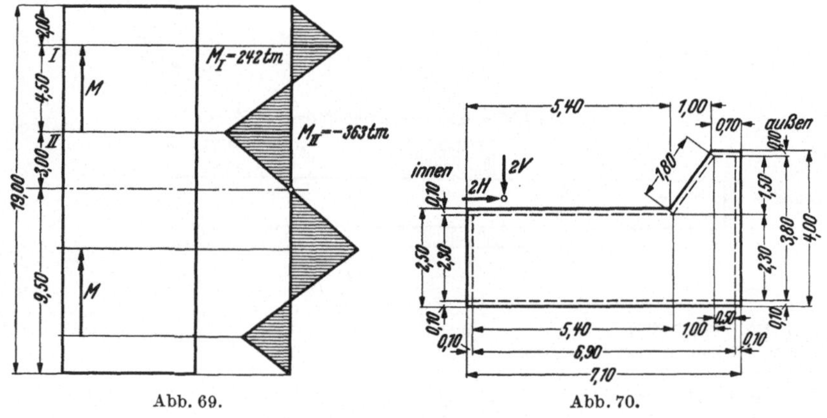

Abb. 69.   Abb. 70.

oder auch von der Mitte aus gerechnet

$$M_{II} = -3{,}0 \cdot 121{,}0 = -363\ \text{tm}.$$

Die Bewehrung gegen Verdrehung erfolgt für das größte Moment $M_{II} = \pm 363$ tm. Beton- und Kernquerschnitt nach Abb. 70.
Kernfläche:

$$F = 6{,}90 \cdot 2{,}30 + 0{,}50 \cdot 1{,}50 + \tfrac{1}{2}\,1{,}00 \cdot 1{,}50 = 17{,}4\ \text{m}^2.$$

Längsbewehrung [nach Formel (12)]:

$$f_e = \frac{363}{2 \cdot 1{,}2 \cdot 17{,}4} = 8{,}7\ \text{cm}^2\ \text{je m Umfang}.$$

Hiervon entfallen auf die Umfangsstrecken:

a) Unterfläche: $\qquad$ $8{,}7 \cdot 6{,}9 =$ 60 cm²

b) Oberfläche: $8{,}7\,(5{,}4 + 1{,}8 + 0{,}5) = 8{,}7 \cdot 7{,}7 =$ 67 cm²

c) Innere Seitenfläche: $\qquad$ $8{,}7 \cdot 2{,}3 =$ 20 cm²

d) Äußere Seitenfläche: $\qquad$ $8{,}7 \cdot 3{,}8 =$ 33 cm²

Längsbewehrung insgesamt: 180 cm²

Bügel (wie Längsbewehrung): 8,7 cm² je m Fundamentlänge, z. B.
⌀ 16 mm in 23 cm Abständen, Bügelform nach Abb. 71. Der errechnete
Abstand gilt für die Stellen der Größtmomente, er wird
dem Momentenabfall entsprechend (Abb. 69) vergrößert.

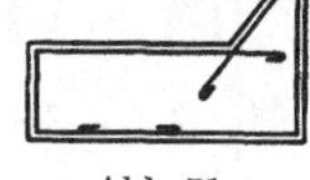

Abb. 71.

Die Längseisen müssen zu den aus Biegung erforderlichen Bewehrungen zugezählt werden. Die Biegung
lotrecht (Abb. 65) erfordert obere und untere Bewehrung, dazu kommen die unter a und b angegebenen Längseisenquer-
schnitte aus Verdrehung. Ebenso sind zu den seitlichen Bewehrungen
aus Biegung waagerecht
(Abb. 67) die unter c und
d errechneten Eisenquer-
schnitte hinzuzuzählen.

Wie die Bügelbewehrung,
so ist auch die Längsbewehrung dem Drehmomenten-
bild anzupassen, nur müssen
die überflüssigen Stäbe um
Haftlänge verlängert wer-
den. Da bei den Längseisen
die aus Biegung und Drehung
erforderlichen Querschnitte
zusammengezählt werden
müssen, ist es zweckmäßig,

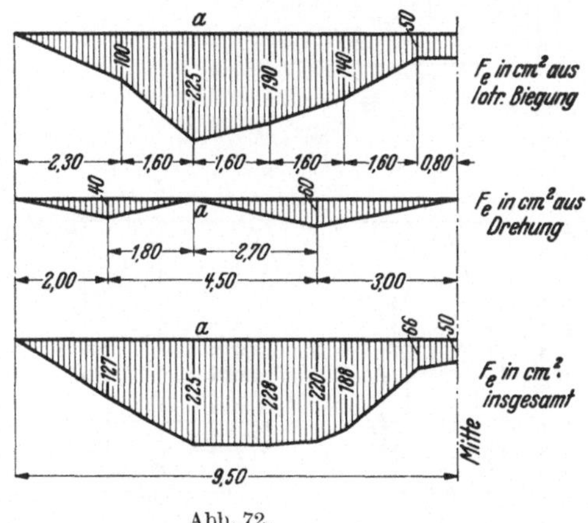

Abb. 72.

je ein Momenten-Deckungsbild für Biegung und Drehung aufzutragen
und die Bilder zu addieren, wie es für die untere Bewehrung aus Biegung
und Drehung für die halbe Fundamentlänge in Abb. 72 geschehen ist.
Im vorliegenden Falle überwiegt die Biegungsbewehrung, so daß durch
die Längseisen aus Verdrehung der Eisenbedarf kaum vergrößert wird,
zumal die Stelle a des größten Biegungsmomentes mit der Nullstelle der
Drehmomente zusammenfällt.

11. Rahmenfundament für Motorprüfstand.

Das in Abb. 73 dargestellte rahmenartige Eisenbetonfundament trägt
einen Motorprüfstand. Im Betriebe kann hierbei u. a. eine außermittige

waagerechte Fliehkraft $F = 20{,}0$ t (wie in der Abbildung dargestellt) auftreten. Diese Kraft kann im Mittelpunkt O ersetzt werden durch eine Kraft F in Richtung x und ein um die lotrechte Z-Achse drehendes

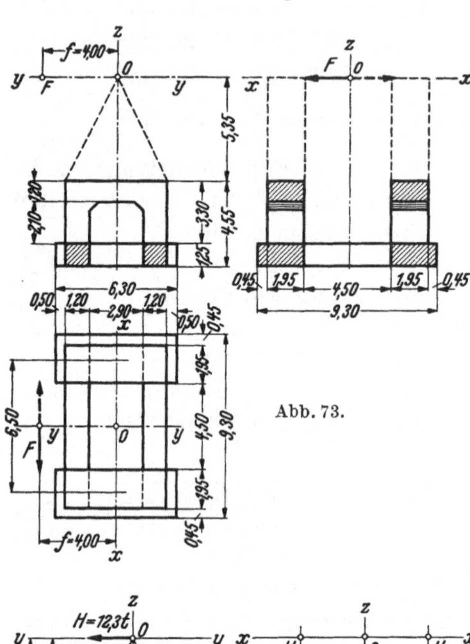

Abb. 73.

Moment $M = F \cdot f$. Die in O wirkende waagerechte Kraft F verursacht Biegungsbeanspruchungen des Rahmenwerkes parallel zur xz-Ebene. Das Moment M ruft ein Kräftepaar $H = 20{,}0 \cdot \dfrac{4{,}0}{6{,}50} = 12{,}3$ t nach Abb. 74 hervor, durch das die Fundament-Längs- und -Querschwellen a und b auf Verdrehung beansprucht werden. Wir wollen hier nur diese Beanspruchungen verfolgen.

Unter der Annahme, daß das Gebilde steif ist im Verhältnis zur Baugrund-Nachgiebigkeit und daß unter den beiden Fundament-Querschwellen a keine Schubspannungen in der Bodenfuge auftreten, werden die Kräfte H durch gegenwirkende Schubkräfte H in der Bodenfuge unter den beiden Fundament-Längsschwellen b in Gleichgewicht gehalten.

Die im Punkte O der Abb. 74 angreifende Kraft H erzeugt die am oberen Fundamentriegel angreifenden Kräfte $H = 12{,}3$ t und

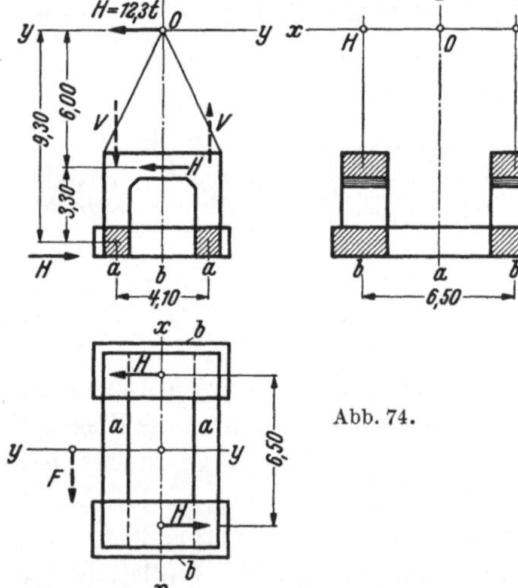

Abb. 74.

$$V = \pm 12{,}3 \cdot \frac{6{,}00}{4{,}10} = \pm 18{,}0 \text{ t}.$$

Die am Fundament angreifenden äußeren Kräfte sind in Abb. 75 dargestellt. Auf jeden der beiden Rahmen wirkt ein Moment

$$M = 12{,}30 \cdot 3{,}30 + 18{,}0 \cdot 4{,}10 \quad \text{oder} \quad 12{,}30 \cdot 9{,}30 = 114{,}5 \text{ tm}.$$

Wäre in den Mitten der Fundamentschwellen a je ein Gelenk angeordnet, dann könnte man dort die zur Aufnahme des Momentes erforderliche lotrechte Querkraft

$$X = \frac{114,5}{4,10} = 28,0 \text{ t}$$

bestimmen, unter der berechtigten Annahme, daß nennenswerte waagerechte Querkräfte nicht auftreten. Da jedoch an dieser Stelle kein Gelenk vorhanden ist, müssen dort auch noch Momente berücksichtigt werden. Biegungsmomente schalten infolge Antisymmetrie nach beiden Richtungen aus, und es kann nur noch ein Drehmoment Y im Stabe a

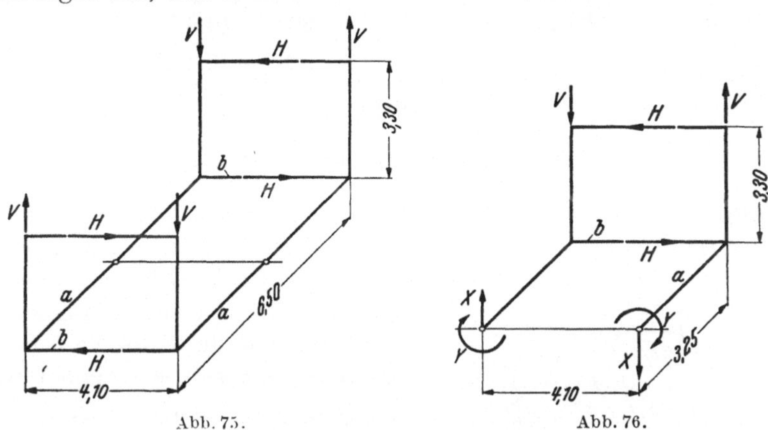

Abb. 75.   Abb. 76.

verursacht werden. Das angreifende Moment M wird also im Mittelschnitt der Stäbe a durch ein Kräftepaar X und zwei Drehmomente Y aufgenommen. Es ist

$$4,1\,X + 2\,Y = M = 114,5 \text{ tm}$$

und daraus

$$Y = \frac{114,5 - 4,1\,X}{2} = 57,2 - 2,05\,X.$$

Die Querkraft X muß aus den Formänderungen des Rahmenwerkes bestimmt werden: es ist die Bedingung zu erfüllen, daß sich die beiden Mittelschnitte der Schwelle a (infolge Antisymmetrie) nicht verdrehen (Abb. 77).

Wir wollen zuerst als Näherung annehmen, daß die Schwelle b und der darüberstehende lotrechte Rahmen vollkommen steif sind (in Abb. 77 schraffiert), und wollen die Verdrehung der Schnitte O_1 und O_2 um die x-Achse ausdrücken.

Festwerte der Stäbe a:

für Biegung

$$I = \frac{1,20 \cdot 1,25^3}{12} = 0,195 \text{ m}^4,$$

Drehung (vgl. Beispiel 5)

$$c = 0,78 \left[1 + \left(\frac{1,25}{1,20}\right)^2\right] = 1,62.$$

Nach den in Abb. 77 dargestellten Momentenlinien für Biegung und Drehung erhält man die Verdrehung in O_1 oder O_2 wie folgt:

Einfluß von Y: $\quad EI\varphi_y = 1{,}62 \cdot 3{,}25 \cdot Y$

$$= 1{,}62 \cdot 3{,}25 \cdot (57{,}2 - 2{,}05\,X)$$
$$= 301 - 10{,}8\,X.$$

Einfluß von X: $\quad EI\varphi_x = -3{,}25\,X\,\dfrac{3{,}25}{2} \cdot \dfrac{2}{3}\,3{,}25\,\dfrac{1}{\frac{1}{2}\,4{,}10} = -5{,}6\,X.$

Insgesamt: $\qquad EI\varphi = EI(\varphi_y + \varphi_x) = 301 - 10{,}8\,X - 5{,}6\,X$
$$= 301 - 16{,}4\,X = 0,$$

daraus: $\qquad\qquad \underline{X} = \dfrac{301}{16{,}4} = \underline{18{,}3\ \text{t}},$

$$\underline{Y} = 57{,}2 - 2{,}05 \cdot 18{,}3 = \underline{19{,}6\ \text{tm}}.$$

Vom angreifenden Moment $M = 114{,}5$ tm übernehmen daher die Schwellen a durch Drehung $2 \cdot 19{,}6 = 39{,}2$ tm, also rd. 34%, der Rest entfällt auf die Querkräfte X. Die Fundamentschwelle a erleidet also ein Drehmoment $Y = 19{,}6$ tm, und die Schwelle b muß das von X hervorgerufene Kragmoment

$$3{,}25\,X = 3{,}25 \cdot 18{,}3 = 59{,}5\ \text{tm}$$

als Drehmoment aufnehmen.

Obwohl die Annahme der starren Scheibe annähernd zutrifft, da die Schwelle b einen viel stärkeren Querschnitt aufweist als Schwelle a und durch das lotrechte Rahmenwerk noch zusätzlich ausgesteift ist, wollen wir im folgenden die Berechnung genauer unter Berücksichtigung der Formänderungen des in Abb. 77 mit Schraffur gekennzeichneten geschlossenen Rahmens durchführen.

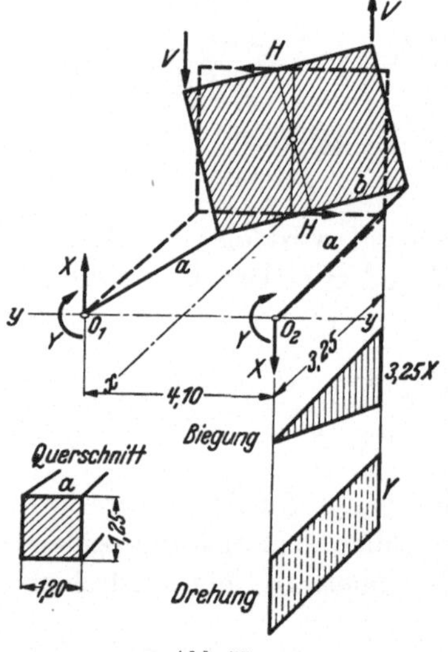

Abb. 77.

Um die von diesem Rahmen herrührenden Formänderungsanteile zu erhalten, müssen wir zuerst die folgenden drei Belastungsfälle des Rahmens lösen:

<h3 style="text-align:center">I. Belastungsfall nach Abb. 78.</h3>

Das lotrechte Kräftepaar *1* wird durch das waagerechte Kräftepaar b/h in Gleichgewicht gehalten. Im Riegelschnitt I wirkt die unbekannte Querkraft X (Moment und Normalkraft sind infolge Antisymmetrie = 0). Für den Hauptfall ($X = 0$) entsteht ein Momentenbild nach Abb. 79, und die gegenseitige lotrechte Verschiebung der beiden Schnitte I ist

$$E\,\delta_0 = \frac{b^3}{12}\cdot\frac{1}{I_{2l}} + \frac{b^2 h}{4}\,\frac{1}{I_{1l}}\,.$$

Für den Fall $X = 1$ erhält man nach Abb. 80:

$$E\,\delta_1 = \frac{b^3}{12}\cdot\frac{1}{I_{1l}} + \frac{b^2 h}{2}\cdot\frac{1}{I_{1l}} + \frac{b^3}{12}\cdot\frac{1}{I_{2l}}\,.$$

Somit wird

$$X = \frac{\dfrac{I_{1l}}{I_{2l}} + 3\,\dfrac{h}{b}}{1 + 6\cdot\dfrac{h}{b} + \dfrac{I_{1l}}{I_{2l}}}\,.$$

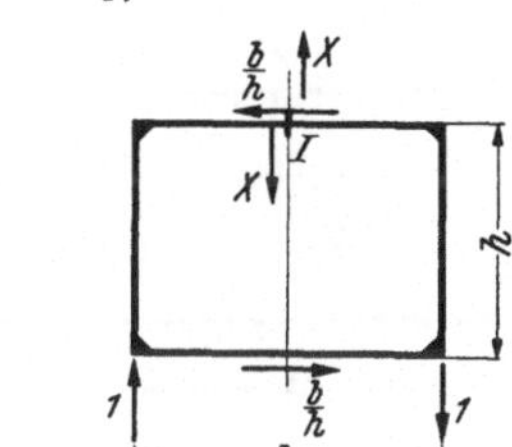

Abb. 78.

Im vorliegenden Falle:

$$I_{1l} = \frac{1{,}95 \cdot 1{,}20^3}{12} = 0{,}28 \text{ m}^4,$$

$$I_{2l} = \frac{2{,}40 \cdot 1{,}25^3}{12} = 0{,}39 \text{ m}^4,$$

$$b = 4{,}10 \text{ m}, \qquad h = 3{,}30 \text{ m},$$

Abb. 79.

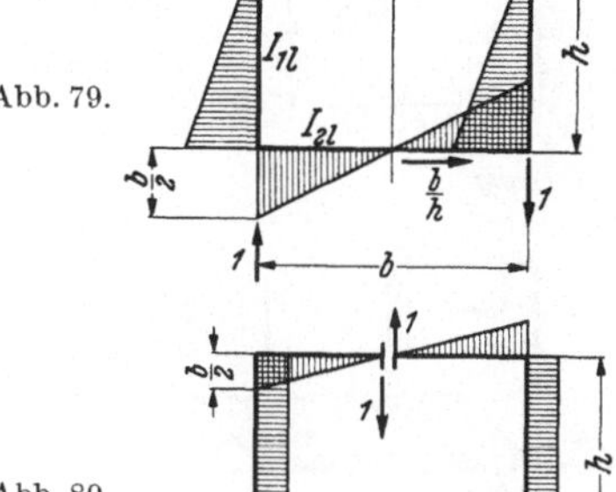

$$\frac{I_{1l}}{I_{2l}} = \frac{0{,}28}{0{,}39} = 0{,}72\,,$$

$$\frac{h}{b} = \frac{3{,}30}{4{,}10} = 0{,}80\,,$$

$$X = \frac{0{,}72 + 3 \cdot 0{,}80}{1 + 6 \cdot 0{,}80 + 0{,}72} = 0{,}48\,.$$

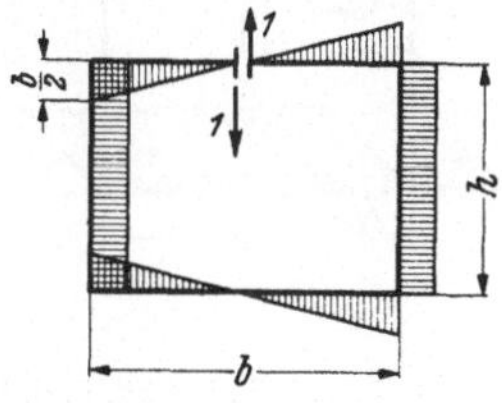

Abb. 80.

Die Rahmeneckmomente sind dann (Abb. 81)

$$\text{oben} \quad -0{,}48 \cdot \frac{4{,}10}{2} = -0{,}98\,,$$

$$\text{unten} \quad \frac{4{,}10}{2} - 0{,}98 = 1{,}07\,.$$

Abb. 81.

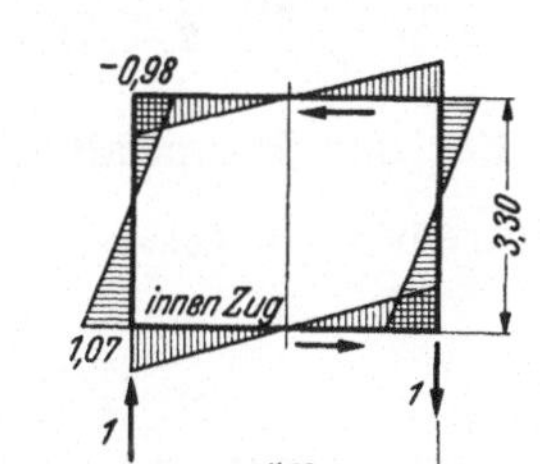

II. Belastungsfall nach Abb. 82.

Der Rahmen wird durch je ein Drehmoment $= 1$ in der Achse der Schwelle b beansprucht. Im Schnitt I treten hierbei zwei unbekannte Kräfte auf: eine Querkraft X_1 rechtwinklig zur Bildebene und ein Drehmoment X_2.

Wir wollen die beiden Unbekannten im Abstand z unter dem Riegel so angreifen lassen, daß sie voneinander unabhängig werden. Den Abstand erhält man aus der Bedingung, daß im Punkte O die Kraft X_1

keine Drehung im Sinne von X_2 und das Moment X_2 keine Verschiebung nach X_1 hervorruft. Hierzu brauchen wir nur nach Abb. 83 für $X_2 = 1$ die Verschiebung δ_{12} als Funktion von z anzuschreiben und $= 0$ zu setzen (im Momentenbild sind die Biegungsmomente voll, die Drehmomente gestrichelt schraffiert).

$$E\,\delta_{12} = -\frac{b}{2}\,z\,\frac{c_1}{I_{1w}} + h\cdot\left(\frac{h}{2}-z\right)\frac{1}{I_{1w}} + \frac{b}{2}\,(h-z)\,\frac{c_2}{I_{2w}} = 0,$$

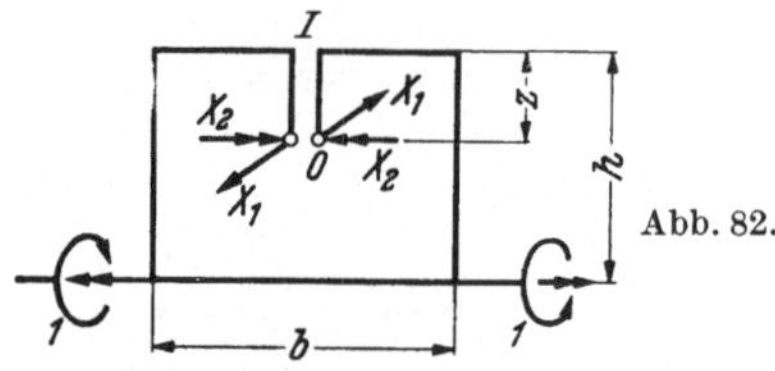

Abb. 82.

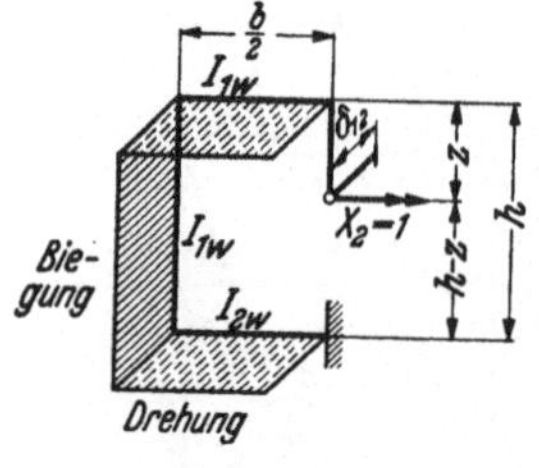

Abb. 83.

Abb. 84.

daraus

$$z = h\,\frac{\dfrac{h}{b}+c_2\,\dfrac{I_{1w}}{I_{2w}}}{2\cdot\dfrac{h}{b}+c_1+c_2\,\dfrac{I_{1w}}{I_{2w}}}\,.$$

Die entsprechenden Zahlenwerte sind:

$$I_{1w} = \frac{1{,}20\cdot 1{,}95^3}{12} = 0{,}74\ \mathrm{m}^4,$$

$$I_{2w} = \frac{1{,}25\cdot 2{,}40^3}{12} = 1{,}44\ \mathrm{m}^4,$$

$$\frac{I_{1w}}{I_{2w}} = 0{,}51\,.$$

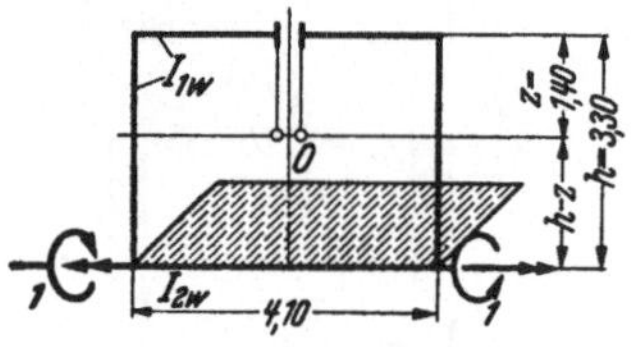

Verdrehungsbeiwerte (vgl. Beispiel 5):

$$c_1 = 0{,}78\left[1+\left(\frac{1{,}95}{1{,}20}\right)^2\right] = 2{,}85\,,$$

$$c_2 = 0{,}78\left[1+\left(\frac{2{,}40}{1{,}25}\right)^2\right] = 3{,}65\,,$$

$$z = 3{,}30\cdot\frac{0{,}80 + 3{,}65\cdot 0{,}51}{2\cdot 0{,}80 + 2{,}85 + 3{,}65\cdot 0{,}51} = 3{,}30\cdot 0{,}42 = 1{,}40\ \mathrm{m}\,.$$

Für den Hauptfall ($X_1 = X_2 = 0$) nach Abb. 84 erhält man: Verdrehung in O:

$$E\,\delta_{02} = b\,\frac{c_2}{I_{2w}}\,,$$

Verschiebung in O (rechtwinklig zur Bildebene):

$$E\,\delta_{01} = b\,(h-z)\,\frac{c_2}{I_{2w}}\,.$$

Für den Lastfall $X_1 = 1$ nach Abb. 85 mit den dort dargestellten Biegungs- und Drehmomenten ist die gegenseitige Verschiebung der Punkte O rechtwinklig zur Bildebene:

aus Biegung:

$$E\,\delta_b = \frac{b^3}{12}\left(\frac{1}{I_{1w}} + \frac{1}{I_{2w}}\right) + \frac{2}{3\,I_{1w}}\left[z^3 + (h-z)^3\right],$$

aus Drehung:

$$E\,\delta_d = b\,z^2\frac{c_1}{I_{1w}} + \frac{h\,b^2}{2}\frac{c_1}{I_{1w}} + b(h-z)^2\frac{c_2}{I_{2w}},$$

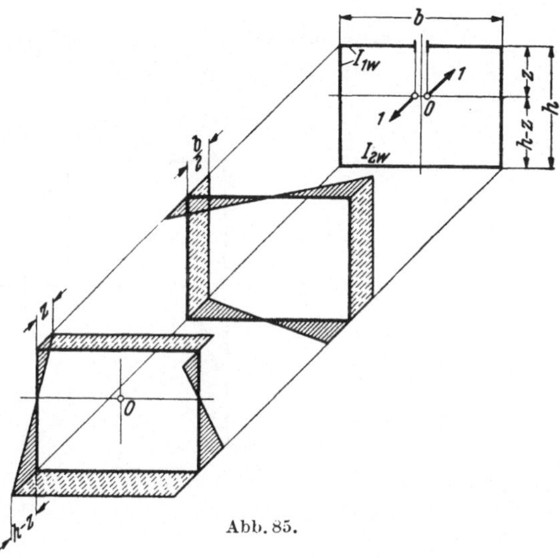

Abb. 85.

insgesamt:

$$E\,\delta_{11} = \frac{b^3}{12}\left(\frac{1}{I_{1w}} + \frac{1}{I_{2w}}\right) + \frac{2}{3\,I_{1w}}\left[z^3 + (h-z)^3\right] +$$

$$+\, b\,z^2\frac{c_1}{I_{1w}} + \frac{h\,b^2}{2}\frac{c_1}{I_{1w}} + b(h-z)^2\frac{c_2}{I_{2w}}.$$

Nach Abb. 83 erhält man ferner für den Lastfall $X_2 = 1$ die gegenseitige Verdrehung der Punkte O:

$$E\,\delta_{22} = 2\,\frac{h}{I_{1w}} + b\left(\frac{c_1}{I_{1w}} + \frac{c_2}{I_{2w}}\right).$$

Die beiden Unbekannten ergeben sich demnach wie folgt:

$$X_1 = \frac{12\cdot b(h-z)\,c_2\cdot\dfrac{I_{1w}}{I_{2w}}}{b^3\left(1 + \dfrac{I_{1w}}{I_{2w}}\right) + 8[z^3 + (h-z)^3] + 12\,b\,z^2 c_1 + 6\,h\,b^2 c_1 + 12\,b(h-z)^2 c_2\dfrac{I_{1w}}{I_{2w}}},$$

$$X_2 = \frac{b\,c_2\dfrac{I_{1w}}{I_{2w}}}{2h + b\left(c_1 + c_2\dfrac{I_{1w}}{I_{2w}}\right)}$$

mit den Zahlenwerten:

$$\frac{I_{1w}}{I_{2w}} = 0{,}51, \qquad c_1 = 2{,}85, \qquad c_2 = 3{,}65,$$

$$b = 4{,}10 \text{ m}, \qquad h = 3{,}30 \text{ m}, \qquad z = 1{,}40 \text{ m}, \qquad h - z = 1{,}90 \text{ m}:$$

$$X_1 = \frac{12 \cdot 4{,}10 \cdot 1{,}90 \cdot 3{,}65 \cdot 0{,}51}{4{,}1^3 \cdot 1{,}51 + 8\,(1{,}40^3 + 1{,}90^3) + 12 \cdot 4{,}10 \cdot 1{,}40^2 \cdot 2{,}85 + 6 \cdot 3{,}30 \cdot 4{,}10^2 \cdot 2{,}85 + 12 \cdot 4{,}10 \cdot 1{,}9^2 \cdot 3{,}65 \cdot 0{,}51} = 0{,}10,$$

$$X_2 = \frac{4{,}10 \cdot 3{,}65 \cdot 0{,}51}{2 \cdot 3{,}30 + 4{,}10 \cdot (2{,}85 + 3{,}65 \cdot 0{,}51)} = 0{,}30.$$

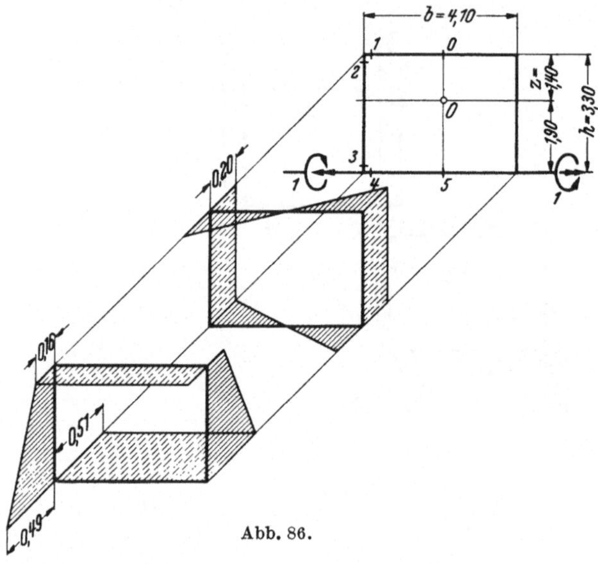

Abb. 86.

Die Rahmenmomente ergeben sich wie folgt (Abb. 86):

Schnitt	Biegung	Drehung
0		$0{,}30 - 0{,}1 \cdot 1{,}40 = 0{,}16$
1	$0{,}1 \cdot \dfrac{4{,}10}{2} = 0{,}20$	$0{,}16$
2	$0{,}16$	$0{,}20$
3	$0{,}30 + 0{,}1 \cdot 1{,}90 = 0{,}49$	$0{,}20$
4	$0{,}20$	$0{,}49 - 1{,}00 = -0{,}51$
5	0	$-0{,}51$

III. Belastungsfall nach Abb. 87.

Die angreifenden Drehmomente $2 \cdot 1$ werden durch das waagerechte Kräftepaar $2/h$ in Gleichgewicht gehalten. Als einzige Unbekannte wird (wie bei Fall I) die Querkraft X im Schnitt I eingeführt.

Für den Hauptfall ($X = 0$) erhält man nach Abb. 88 die gegenseitige lotrechte Verschiebung der Schnitte I wie folgt:

$$E\delta_0 = \frac{hb}{2I_{1l}}.$$

Für Fall $X = 1$ ist die Verschiebung dieselbe wie beim Lastfall I (Abb. 80):

$$E\delta_1 = \frac{b^3}{12}\frac{1}{I_{1l}} + \frac{b^2 h}{2}\frac{1}{I_{1l}} + \frac{b^3}{12}\frac{1}{I_{2l}}.$$

Und man erhält:

$$X = \frac{1}{b} \cdot \frac{6 \cdot \dfrac{h}{b}}{1 + 6 \cdot \dfrac{h}{b} + \dfrac{I_{1l}}{I_{2l}}}$$

mit den Zahlenwerten

$$X = \frac{1}{4,10} \cdot \frac{6 \cdot 0,80}{1 + 6 \cdot 0,80 + 0,72} = 0,18$$

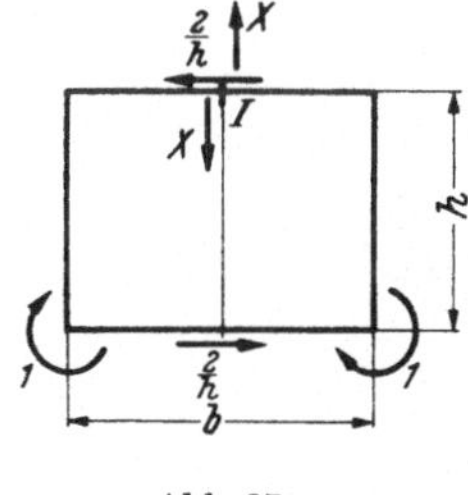

Abb. 87.

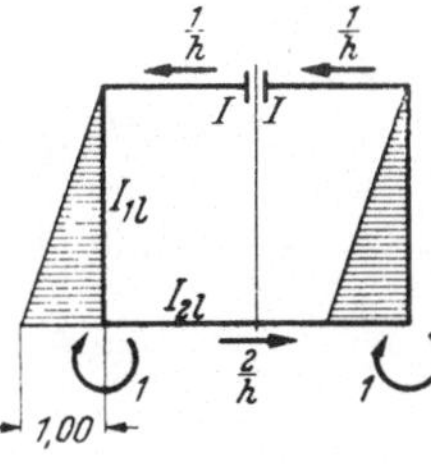

Abb. 88.

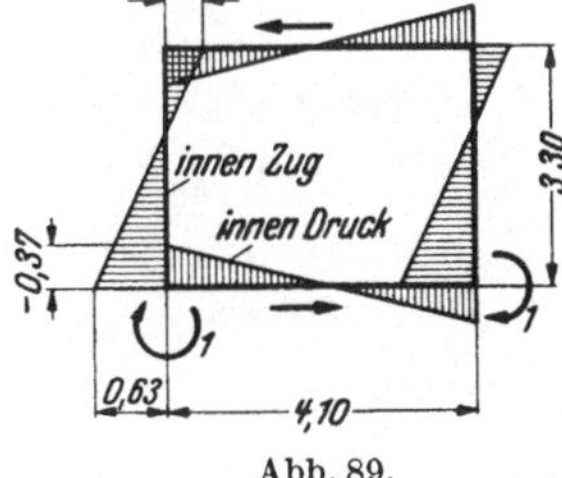

Abb. 89.

die Rahmeneckmomente (Abb. 89):

$$\text{oben} \quad -0,18 \cdot \frac{4,10}{2} = -0,37,$$

$$\text{unten} \quad 1,00 - 0,37 = 0,63.$$

Nach dieser Vorbereitung sind wir jetzt in der Lage, auch die Formänderungen der Schwellen b zu berücksichtigen.

Für die Verdrehung der Schnitte O in Abb. 77 spielen nur die Verbiegungen der Schwelle b in der lotrechten Ebene (nicht jedoch in der waagerechten Ebene wie in der mittleren Abb. 86 dargestellt) und die Verdrehungen eine Rolle. Es sind also nur die Biegungsmomente aus den Einheitslastfällen I (Abb. 81) und III (Abb. 89) sowie die Drehmomente aus Lastfall II (Abb. 86) zu berücksichtigen.

Das Momentenbild für den liegenden Rahmen ist in Abb. 90 dargestellt. Das Biegungsmoment der Schwelle b an der Ecke ist:

$$M_b = 1,07(X - V) \text{ aus Fall I}, \quad -0,37 Y \text{ (aus Fall III)}.$$

Setzt man $V = 18,0$ t und $Y = 57,2 - 2,05 X$ ein, dann wird

$$M_b = 1,83 X - 40,4 \quad \text{(positiv, wenn oben Druck)}$$

das Drehmoment (aus Fall II):

$$M_d = 0{,}51 \cdot 3{,}25\,X = 1{,}65\,X\,.$$

Für die Verdrehung der Schnitte O_1 oder O_2 erhält man nun von der Formänderung der Schwelle b folgende zusätzliche Ausdrücke:

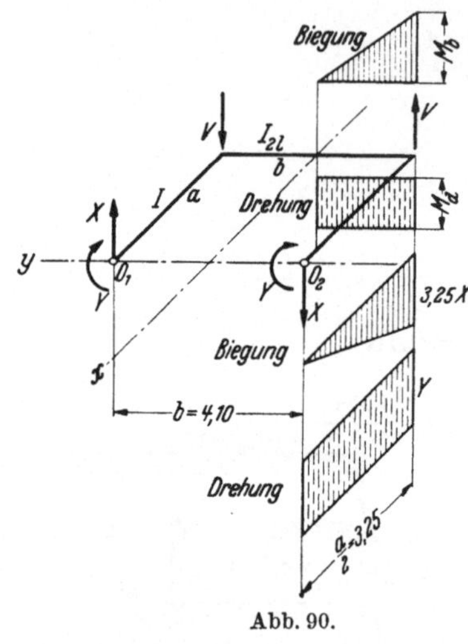

Abb. 90.

aus Biegung:

$$E\,I\,\varphi_b = M_b\,\frac{b}{4}\,\frac{b}{3}\,\frac{I}{I_{2l}}\,\frac{1}{\dfrac{b}{2}} = \frac{b}{6}\,\frac{I}{I_{2l}}\,M_b =$$

$$= \frac{4{,}10}{6}\cdot\frac{0{,}195}{0{,}39}\cdot(1{,}83\,X - 40{,}4) =$$

$$= 0{,}6\,X - 14\,,$$

aus Drehung:

$$E\,I\,\delta_b = -M_d\,\frac{b}{2}\,\frac{a}{2}\,c_2\,\frac{I}{I_{2w}}\cdot\frac{1}{\dfrac{b}{2}} =$$

$$= -\frac{a}{2}\,c_2\,\frac{I}{I_{2w}}\,M_d =$$

$$= -3{,}25\cdot 3{,}65\cdot\frac{0{,}195}{1{,}44}\cdot 1{,}65\,X =$$

$$= -2{,}65\,X\,.$$

Insgesamt:

$$E\,I\,\varphi = 301 - 16{,}4\,X + 0{,}6\,X - 14 - 2{,}65\,X = 287 - 18{,}45\,X = 0\,.$$

Daraus erhält man schließlich die unbekannte Querkraft in der Mitte der Schwellen a:

$$\underline{X} = \frac{287}{18{,}45} = \underline{\mathbf{15{,}6\ t}}\quad\text{(statt 18,3 t)}$$

und das Drehmoment:

$$\underline{Y} = 57{,}2 - 2{,}05\cdot 15{,}6 = \underline{\mathbf{25{,}0\ tm}}\quad\text{(statt 19,6 tm).}$$

Der Ausdruck für φ hat sich hauptsächlich durch die Drehverformung der Schwelle b (φ_d) geändert (der von der Biegungsverformung herrührende Anteil φ_b ist untergeordnet). Infolge der Drehnachgiebigkeit der Schwelle b mußte die Querkraft X (und damit die Biegung der Schwelle a) geringer werden, und es ist ein größerer Anteil des angreifenden Gesamtmomentes durch die Verdrehung der Schwelle a (Drehmoment Y) aufzunehmen.

Das Drehmoment der Schwelle b ist:

$$\underline{M_d} = 1{,}65\cdot 15{,}6 = \underline{\mathbf{26{,}0\ tm}}\,,$$

die beiden Schwellen erleiden also nahezu gleich große Drehmomente.

Bemessung der Fundament-Querschwelle a gegen Verdrehung:

Die größte Drehspannung beträgt (Abb. 91):

$$\max \tau_d = \left(3 + \frac{2{,}6}{\frac{1{,}25}{1{,}20} + 0{,}45}\right) \frac{25{,}00}{1{,}20^2 \cdot 1{,}25} = 4{,}75 \cdot 13{,}9 \ \text{t/m}^2 = 6{,}6 \ \text{kg/cm}^2.$$

Die Schubspannung am Stabende:

$$\max \tau_q = \frac{15{,}6}{1{,}20 \cdot 7/8 \cdot 1{,}20} = 12{,}4 \ \text{t/m}^2 = 1{,}25 \ \text{kg/cm}^2.$$

Größte Schubspannung insgesamt:

$$\max \tau = 6{,}6 + 1{,}25 = 7{,}85 \ \text{kg/cm}^2.$$

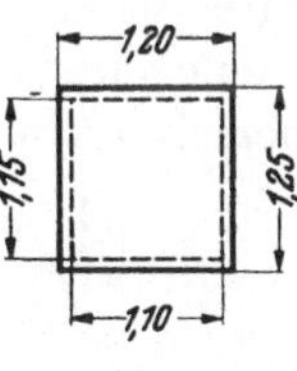

Abb. 91.

Bei Ausführung in Handelszement (Grenzspannung 6 kg/cm²) muß demnach die Bewehrung nachgewiesen werden. Es wird Bügelbewehrung angeordnet. Nach Abb. 91 ist:

$$U = (1{,}15 + 1{,}10)\,2 = 4{,}5 \ \text{m},$$
$$F = 1{,}15 \cdot 1{,}10 \qquad = 1{,}26 \ \text{m}^2.$$

Längseisen [nach Formel (13)]:

$$\sum F_{el} = \frac{25{,}00 \cdot 4{,}5}{2 \cdot 1{,}2 \cdot 1{,}26} = 37 \ \text{cm}^2,$$

in gleichen Teilen an den vier Seitenflächen angeordnet. Oben und unten kommt noch die Biegungsbewehrung hinzu.

Bügel:

$$f e_b = \frac{37{,}0}{4{,}5} = 8{,}2 \ \text{cm}^2 \ \text{je m},$$

$\varnothing$ 16 m in 24 cm Abständen.

Nachdem die Anwendung an einer Reihe von praktischen Beispielen beleuchtet wurde (die sämtlich ausgeführten Bauwerken entnommen sind), soll schließlich im folgenden letzten Abschnitt gezeigt werden, wie die **Hineinleitung der von außen angreifenden Drehmomente in die betroffenen Konstruktionsteile** erfolgt.

Unter Hinweis auf die Abb. 2 ist bisher angenommen worden, daß das Drehmoment durch gleichmäßig verteilte Umfangskräfte in den Stab hineingeleitet wird. Diese Annahme trifft in den meisten Fällen nicht zu. Wirkt z. B. auf einen Stab mit Kreisquerschnitt eine schräge Querkraft Q nach Abb. 92, so verursacht ihre durch den Querschnitt-Schwerpunkt gehende Komponente Q_S Biegung, die Tangentialkomponente Q_t Verdrehung. Das Drehmoment $Q_t \cdot r$ wird im Punkte P des Umfanges in den Querschnitt hineingeleitet und ist zuerst auf den Umfang gleichmäßig zu verteilen. Man muß sich die Einwirkung der Tangential-Einzellast so vorstellen, daß die eine Hälfte nach links als tangentiale Druckkraft, die andere nach rechts als tangentiale Zugkraft in den Querschnitt hineingeleitet wird und die Umfangskräfte zwischen beiden Stellen linear abnehmen, wie es in Abb. 93 gezeigt ist, um das Drehmoment gleichmäßig auf den Umfang zu verteilen. Zur Aufnahme der Umfang-Zugkräfte, die auf der rechten Umfangshälfte von $\frac{1}{2}Q_t$ bis zu Null abnehmen, ist eine entsprechende Umfassungsbewehrung vorzusehen, dessen Querschnitt im Punkt P für $\frac{1}{2}Q_t$ und z. B. im Punkt A für $\frac{1}{4}Q_t$ zu bemessen

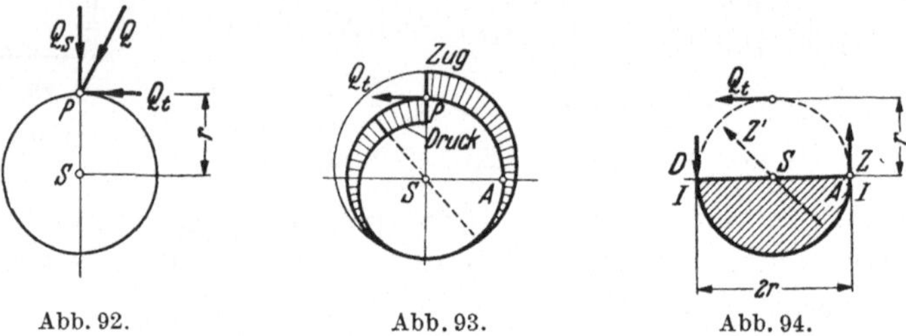

Abb. 92.   Abb. 93.   Abb. 94.

ist. (Strenggenommen müßten zur Sicherung des vom Beton gebildeten Umfang-Druckgewölbes auf der linken Hälfte gegen Ausknicken noch Verankerungsschrägeisen — wie gestrichelt dargestellt — vorgesehen werden, wenn die Schubspannungsgrenze überschritten wird.) Die Richtigkeit dieser Auffassung zeigt folgende Überlegung: Wenn wir uns den Querschnitt waagerecht durch S durchgeschnitten denken (Abb. 94), dann muß auf die untere Hälfte das halbe Drehmoment übertragen werden, und wir erhalten (als Gurtkräfte des Querschnitts $I\!-\!I$ berechnet):

$$Z = -D = \frac{\frac{1}{2}Q_t \cdot r}{2\,r} = \frac{1}{4}\,Q_t,$$

wie oben für Punkt A angegeben. (Die gestrichelten Schrägeisen müßten nach Teil II dieses Buches einer Schrägzugkraft

$$Z' = \frac{\frac{1}{2}Q_t}{\sqrt{2}}$$

entsprechen, falls infolge Überschreitung der Schubspannungsgrenze der Nachweis einer solchen Schubsicherung erforderlich wird.)

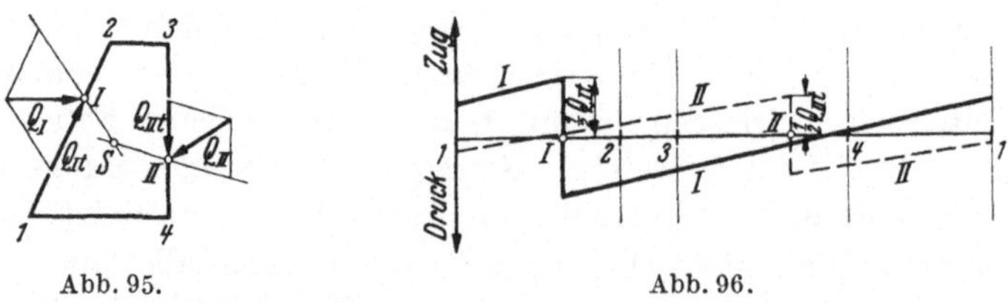

Abb. 95.   Abb. 96.

Nach demselben Grundsatz läßt sich die erforderliche Umfassungsbewehrung auch bei mehreren angreifenden Lasten und bei beliebiger Querschnittsform angeben (Abb. 95). Man trägt hierbei den abgewickelten

Umfang als Abszisse und die Umfassungskräfte als Ordinaten auf (nach oben Zug, nach unten Druck, Abb. 96). Die Geraden I bzw. II entsprechen den von Q_{It} bzw. Q_{IIt} hervorgerufenen Umfangskräften.

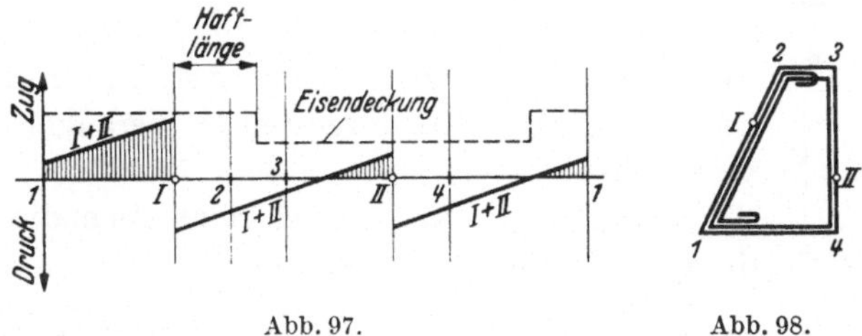

Abb. 97. Abb. 98.

Durch Addition der Ordinaten erhält man die resultierenden Umfangskräfte (Abb. 97). Umfassungsbewehrung ist theoretisch nur auf den Umfangsstrecken mit Zugkraft (schraffierte Flächen) erforderlich (z. B. zwischen 1 und I), wegen der Haftlängen muß aber die Eisendeckung etwas weiter reichen, ferner wird man zur Vereinfachung nicht viele Abstufungen der Eisen wählen. Die grundsätzliche Form der Umfassungsbügel für das dargestellte Beispiel zeigt Abb. 98.

Auch wenn das Drehmoment durch ein angeschlossenes Konstruktionsglied auf den Stab übertragen wird, ist eine Umfassungsbewehrung

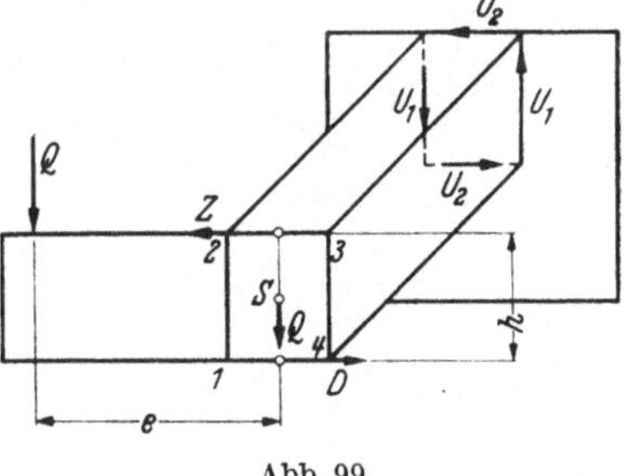

Abb. 99.

zur gleichmäßigen Verteilung des Momentes am Querschnittsumfang erforderlich. Das Drehmoment $M = Q \cdot e$ in Abb. 99 greift am Rechteckquerschnitt des Stabes in Form eines Kräftepaares $Z = -D = \dfrac{Q \cdot e}{h}$ an.

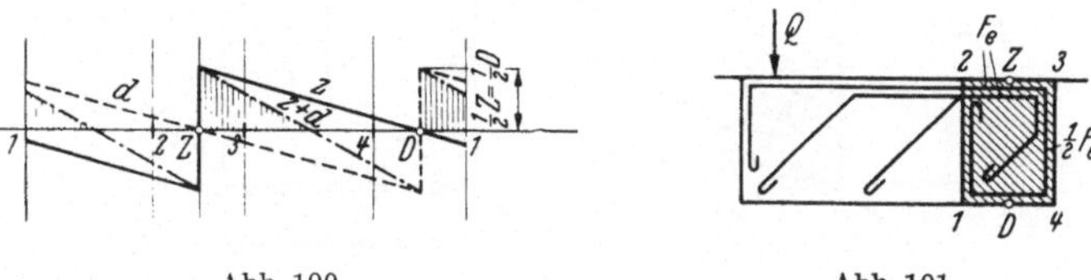

Abb. 100. Abb. 101.

Wie es die Darstellung der Umfangskräfte in der abgewickelten Form auf Abb. 100 zeigt, müssen auf den mit Schraffur belegten Umfangsstrecken Umfassungseisen vorgesehen werden. Ihr größter Querschnitt ist für $\frac{1}{2}Z = \frac{1}{2}D$ zu bemessen. Man muß also praktisch die Hälfte der einmündenden Konsolbewehrung den Umfang entlang zur Umfassung weiterführen, wie in Abb. 101 dargestellt.

Durch Anordnung der Umfassungseisen ist nun die gleichmäßige Umfangsverteilung des Drehmomentes gewährleistet. So wirken z. B. an der Einspannstelle des Stabes die Umfangskräfte

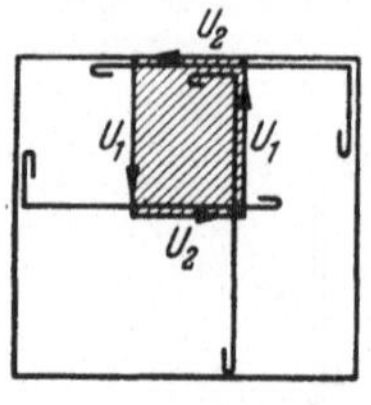

$$U_1 = \frac{M}{2\,b}, \qquad U_2 = \frac{M}{2\,h}.$$

Zur Hineinleitung dieser Umfangskräfte in die Wand sind die in Abb. 102 dargestellten Verankerungseisen vorzusehen.

Das folgende 12. Beispiel zeigt auch die Anwendung der Umfassungsbewehrung.

Abb. 102.

12. Kämpfergelenk-Querträger einer Eisenbeton-Bogenbrücke.

Die in Abb. 103 schematisch dargestellte Dreigelenk-Bogenbrücke ist kastenförmig ausgebildet, sie besteht aus der mittleren und den beiden seitlichen Bogenrippen, aus der unteren gewölbten Druck-

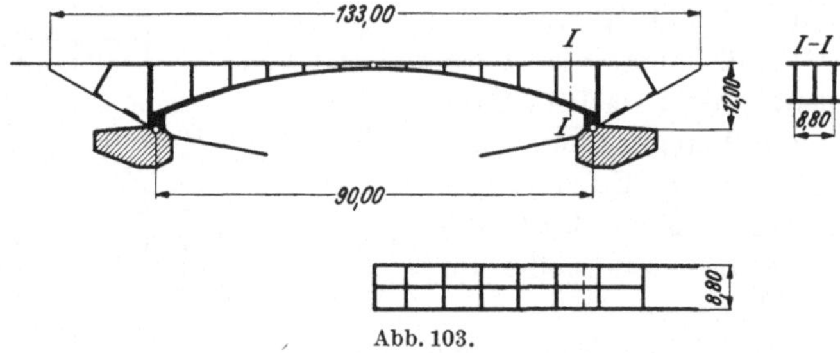

Abb. 103.

platte, der oberen Fahrbahntafel und einer Anzahl Querwänden. Aus bestimmten Gründen mußten die beiden Kämpfergelenke unterhalb der Bogenlinie angeordnet werden. Zur Überleitung des Kämpferdruckes

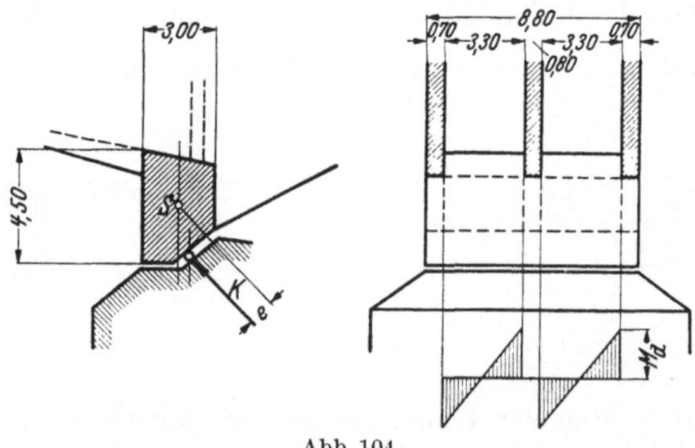

Abb. 104.

von den Bogenrippen und der Druckplatte in die Fundamente war daher die Anordnung je eines Kämpfergelenk-Querträgers erforderlich.

Nach Abb. 104 wird der Querträger von unten durch den auf die ganze Brückenbreite gleichmäßig verteilten Kämpferdruck beansprucht.

Sieht man zunächst von der gewölbten Druckplatte und von der Querwand über dem Querträger ab, dann muß der Querträger den Kämpferdruck auf die drei Bogenrippen übertragen, er wirkt wie ein Zweifeldbalken und wird auf Biegung nach zwei Richtungen sowie Drehung beansprucht. Bedeuten K den Kämpferdruck für die Längeneinheit der Brückenbreite und e den Abstand zum Querschnittsschwerpunkt, dann erleidet der Querträger ein Drehmoment $K \cdot e$ je Längeneinheit, und man erhält nach dem Momentenbild in Abb. 104 das größte Drehmoment zu $M_d = \dfrac{3,30}{2} K \cdot e$.

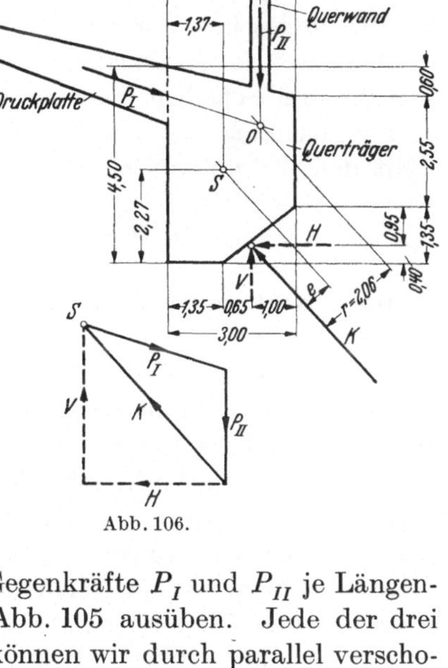

Abb. 105.

Abb. 106.

Die anschließende Druckplatte und die Querwand behindern jedoch die freien Formänderungen des Querträgers, indem sie als schräge bzw. lotrechte Scheibe auf die ganze Brückenbreite von 8,80 m hindurch Gegenkräfte P_I und P_{II} je Längeneinheit auf den Querträger nach Abb. 105 ausüben. Jede der drei angreifenden Kräfte K, P_I und P_{II} können wir durch parallel verschobene im Schwerpunkt S angreifende Kräfte und durch ihre ebenfalls auf den Schwerpunkt bezogenen Drehmomente ersetzen. Die im Schwerpunkt angreifenden Kräfte müssen im Gleichgewicht sein (da P_I und P_{II} als Reaktionen von K aufzufassen sind), und so erhält man nach dem Kräfteplan in Abb. 106 die Größe der beiden

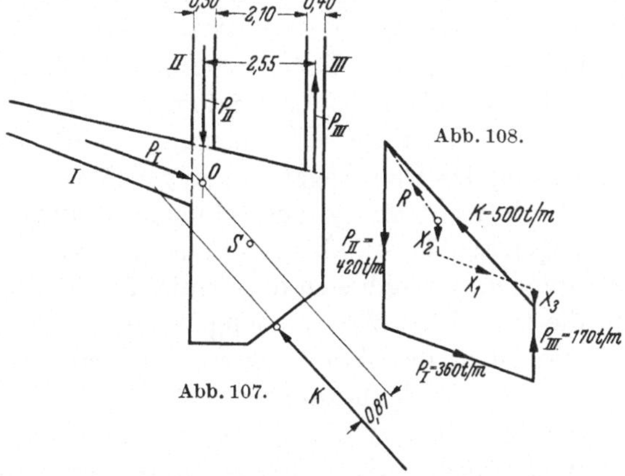

Abb. 108.

Abb. 107.

Scheibenkräfte P. Das von den drei Kräften ausgeübte Drehmoment kann in anschaulicher Weise so ermittelt werden, daß man die beiden Kräfte P zum Schnitt bringt und das Drehmoment des Kämpferdruckes K nicht auf den Schwerpunkt (Abstand e), sondern auf diesen Schnittpunkt O (Abstand r) bestimmt. Durch die Mitwirkung der beiden Scheiben werden also zwar die Biegungsbeanspruchungen des

Querträgers nach beiden Richtungen aufgehoben, das Drehmoment wird aber wesentlich größer.

Um die Beanspruchungen des Querträgers günstiger zu gestalten, ist in Abänderung der ursprünglichen Anordnung (nach Abb. 105) für die Ausführung eine zweite Querwand über dem Querträger nach Abb. 107 vorgesehen worden. Die Kräfte P_{II} und P_{III} sind hierbei in der Lage, auch das Drehmoment aufzunehmen, der Querschnitt ist also durch die drei Scheiben in seiner Lage festgehalten, so daß der Querträger weder Biegungs- noch Drehmomente erleidet.

Mit dem Kämpferdruck von $K = 500$ t/m erhält man

$$P_{III} = 500 \cdot \frac{0{,}87}{2{,}55} = 170 \text{ t/m (Zug)}$$

und durch Kraftzerlegung weiter $P_I = 360$ t/m, $P_{II} = 420$ t/m (Druck) (Abb. 108).

Dieser Kraftverlauf ist aber nur dann richtig, wenn die Scheiben I bis III vollkommen unnachgiebige Auflager bilden. Das kann bei der starken Schrägplatte I angenommen werden, bei den im Verhältnis zum Querträgerquerschnitt schwachen lotrechten Querwänden II und III aber nicht. Wand II wird nach oben, Wand III nach unten elastisch nachgeben und somit eine gewisse Verdrehung des Querträgers ermöglichen. Infolgedessen wird nur ein Teil des angreifenden Drehmomentes von den Wänden II und III aufgenommen, der Rest verbleibt im Querträger.

Die vom Kämpferdruck K in die Scheiben geleiteten — nunmehr unbekannten — Kräfte X_1, X_2 und X_3 (nach Abb. 109) müssen aus den Formänderungen bestimmt werden.

Wir beziehen die Untersuchung auf den Mittelschnitt $A—A$ des Querträgers (Abb. 110). Unter dem Einfluß der angreifenden Kräfte K, X_1, X_2 und X_3 wird eine Verbiegung nach beiden Richtungen und eine Verdrehung des Querträgers hervorgerufen. Der Querschnitt verschiebt sich also lotrecht und waagerecht und verdreht sich um S. Diese Verformungen können wir als Funktionen der Kräfte anschreiben. Die Randbedingungen, wonach sich der Punkt 1 in Richtung X_1 nicht verschiebt und die lotrechten Verschiebungen der Punkte 2 und 3 der elastischen Nachgiebigkeit der Wände entsprechen müssen, liefern dann drei Gleichungen für die Unbekannten.

Es werden zuerst die Querschnittsfestwerte angeschrieben und die Formänderungen infolge Einheitskräfte ermittelt.

Querträger:

$$\text{Querschnittsfläche} \quad F = 11{,}5 \text{ m}^2,$$
$$\text{Trägheitsmomente} \quad I_x = 15{,}4 \text{ m}^4,$$
$$I_y = 8{,}05 \text{ m}^4,$$
$$I_S = 15{,}4 + 8{,}05 = 23{,}45 \text{ m}^4.$$

Querwand II (4,00 m hoch):

$$F = 0,50 \cdot 4,00 = 2,00 \text{ m}^2,$$

$$I = \frac{0,50 \cdot 4,00^3}{12} = 2,7 \text{ m}^4.$$

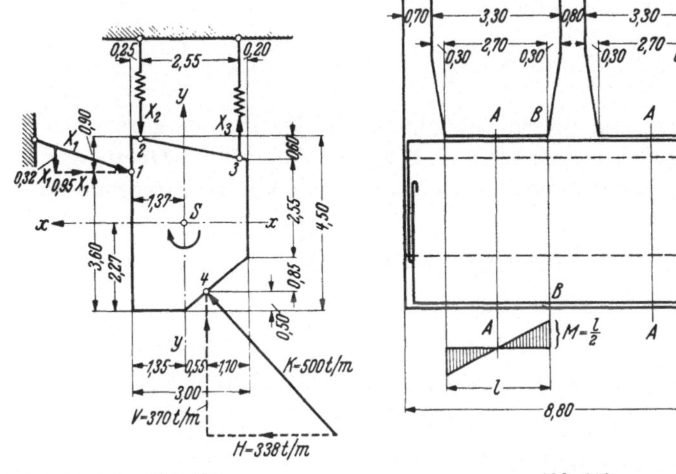

Abb. 109.　　　　　　Abb. 110.

Querwand III (mit 6,00 m wirksamer Höhe angenommen):

$$F = 0,40 \cdot 6,00 = 2,4 \text{ m}^2,$$

$$I = \frac{0,40 \cdot 6,00^3}{12} = 7,2 \text{ m}^4.$$

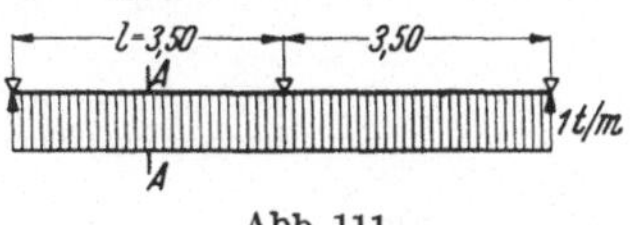

Abb. 111.

Verschiebung des Querträgers (Schnittstelle A) nach oben (Richtung y) infolge einer verteilten nach oben gerichteten durch S gehenden Belastung 1 t/m (nach Abb. 110 und 111):

$$\delta_y = \frac{l^4}{185\,E\,I_x} \text{ (Biegung)} + \frac{3}{10}\,\frac{l^2}{E\,F} \text{ (Schub)} =$$

$$= \frac{3,50^4}{185 \cdot 2,1 \cdot 10^6 \cdot 15,4} + \frac{3}{10} \cdot \frac{2,70^2}{2,1 \cdot 10^6 \cdot 11,5} = (2,5 + 9,0) \cdot \frac{1}{10^8} = \frac{11,5}{10^8} \text{ m}.$$

Desgleichen nach links infolge einer waagerechten verteilten Last von 1 t/m:

$$\delta_x = \left(2,5 \cdot \frac{15,4}{8,05} + 9,0\right) \cdot \frac{1}{10^8} = (4,8 + 9,0) \cdot \frac{1}{10^8} = \frac{13,8}{10^8} \text{ m}.$$

Verdrehung des Querträgers (Schnitt A) infolge eines verteilten Drehmomentes 1 tm je m (Momentenbild nach Abb. 110):

$$\varphi = \frac{M \cdot \dfrac{l}{4}}{G \cdot I_s} = \frac{l^2}{8\,G\,I_s} = \frac{2,70^2}{8 \cdot 0,385 \cdot 2,1 \cdot 10^6 \cdot 23,45} = \frac{4,8}{10^8} \cdot$$

Lotrechte Verschiebung der Querwand *II* infolge einer gleichmäßig verteilten lotrechten Belastung 1 t/m:

$$\delta_{II} = \frac{3{,}50^4}{185 \cdot 2{,}1 \cdot 10^6 \cdot 2{,}7} + \frac{3}{10} \cdot \frac{2{,}70^2}{2{,}1 \cdot 10^6 \cdot 2{,}0} = (14{,}2 + 51{,}8) \cdot \frac{1}{10^8} = \frac{66{,}0}{10^8}\,\text{m}.$$

Desgleichen für Querwand *III*:

$$\delta_{III} = \left(14{,}2 \cdot \frac{2{,}7}{7{,}2} + 51{,}8 \cdot \frac{2{,}0}{2{,}4}\right) \cdot \frac{1}{10^8} = (5{,}3 + 43{,}2)\frac{1}{10^8} = \frac{48{,}5}{10^8}\,\text{m}.$$

Man sieht schon aus diesen Zahlen, daß die Querwände gegen lotrechte Verschiebung viel nachgiebiger sind (δ_{II} und δ_{III}) als der Querträger (δ_y).

Auf die Längeneinheit des Querträgers wirken nun folgende äußere Kräfte (Abb. 109):

Lotrecht: $L = 370 - 0{,}32 X_1 - X_2 + X_3$.

Waagerecht: $W = 338 - 0{,}95 X_1$.

Drehmoment:

$$D = 338 \cdot 1{,}77 - 370 \cdot 0{,}53 + 0{,}95 X_1 1{,}33 - 0{,}32 X_1 1{,}37 - X_2 1{,}12 - X_3 1{,}43$$
$$= 403 + 0{,}82 X_1 - 1{,}12 X_2 - 1{,}43 X_3.$$

Die Verschiebungen und die Verdrehung des Querträgerschnittes *A* sind demnach:

Lotrecht: $$\delta_L = \delta_y \cdot L = \frac{11{,}5}{10^8} \cdot L,$$

$$10^8 \cdot \delta_L = 4250 - 3{,}7 X_1 - 11{,}5 X_2 + 11{,}5 X_3\,.$$

Waagerecht: $$\delta_W = \delta_X \cdot W = \frac{13{,}8}{10^8} \cdot W,$$

$$10^8 \delta_W = 4660 - 13{,}1 \cdot X_1\,.$$

Drehung: $$\delta_D = \varphi \cdot D = \frac{4{,}8}{10^8} \cdot D,$$

$$10^8 \cdot \delta_D = 1930 + 3{,}95 X_1 - 5{,}35 X_2 - 6{,}85 X_3\,.$$

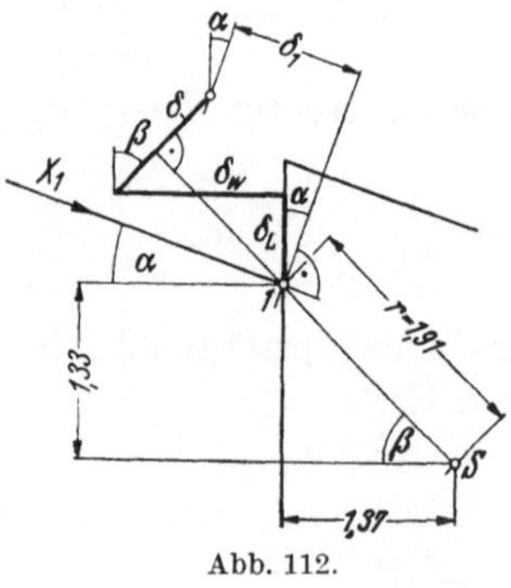

Abb. 112.

Randbedingungen:

I. Keine Verschiebung des Umfangspunktes *1* nach X_1 (Abb. 112).

$$\delta_1 = \delta_L \sin\alpha + \delta_W \cos\alpha - \delta \sin(\beta - \alpha) = 0$$

mit

$$\alpha = 18°\,40',\quad \beta = 44°\,10',\quad \beta - \alpha = 25°\,30',$$
$$\sin\alpha = 0{,}32,\quad \cos\alpha = 0{,}95,$$
$$\sin(\beta - \alpha) = 0{,}43$$

und
$$\delta = r \cdot \delta_D = 1{,}91 \cdot \delta_D$$

ist dann
$$0{,}32 \cdot \delta_L + 0{,}95\,\delta_W - 0{,}82\,\delta_D = 0 .$$

Setzt man hier die obigen δ-Werte ein, dann ergibt sich die erste Bedingungsgleichung wie folgt:

(I)
$$4220 - 16{,}85\,X_1 + 0{,}7\,X_2 + 9{,}3\,X_3 = 0 .$$

II. Lotrechte Verschiebung des Umfangspunktes _2_ nach X_2 soll der Querträger-Durchfederung infolge X_2 entsprechen.

$$\delta_L + (1{,}37 - 0{,}25)\,\delta_D = X_2\,\delta_{II} .$$

Die δ-Werte eingesetzt und geordnet, erhält man die zweite Gleichung:

(II)
$$6410 + 0{,}7 \cdot X_1 - 83{,}5\,X_2 + 3{,}8\,X_3 = 0 .$$

III. Desgleichen am Umfangspunkt 3:
$$\delta_L - (2{,}80 - 1{,}37)\,\delta_D = X_3\,\delta_{III} .$$

Die Werte eingesetzt:

(III)
$$1490 - 9{,}4\,X_1 - 3{,}8\,X_2 - 27{,}2\,X_3 = 0 .$$

Die Lösung der drei Bedingungsgleichungen liefert:

$$X_1 = 233{,}8 \text{ t,}$$
$$X_2 = 77{,}4 \text{ t,}$$
$$X_3 = -36{,}9 \text{ t.}$$

Die Kraft X_3 wirkt mit umgekehrtem Vorzeichen, die rückwärtige Querwand erhält also keine Zugkraft (vgl. Abb. 107), sondern eine kleine Druckkraft. Die an Stelle von P_I bis P_{III} auftretenden Scheibenreaktionen X_1 bis X_3 sind in Abb. 108 gestrichelt dargestellt. Wie man sieht, bleibt eine Restkraft R übrig, die durch Biegungsbeanspruchung des Querträgers (nach den beiden Richtungen x und y der Abb. 109) aufgenommen werden muß.

Ebenso werden die Drehmomente nicht restlos durch die Scheiben aufgenommen, es bleibt vielmehr ein Moment

$$D = 403 + 0{,}82 \cdot 233{,}8 - 1{,}12 \cdot 77{,}4 + 1{,}43 \cdot 36{,}9 = \mathbf{561\ tm\ je\ m}$$

vom Querträger aufzunehmen. Das größte Drehmoment an der Einspannstelle (Schnitt B in Abb. 110) ist

$$\boldsymbol{M_d} = 561 \cdot \frac{2{,}70}{2} = \mathbf{760\ tm.}$$

Die Drehspannung (unter der Annahme eines Rechteckquerschnitts von 3,80 m Höhe und 3,00 m Breite) ist etwa:

$$\tau_d = \left(3 + \frac{2,6}{\frac{3,80}{3,0} + 0,45}\right) \frac{760}{3,0^2 \cdot 3,8} = 100 \ \text{t/m}^2 = 10 \ \text{kg/cm}^2.$$

Es muß also Drehbewehrung nachgewiesen werden, zumal die Schubspannung noch durch die Querkräfte erhöht wird.

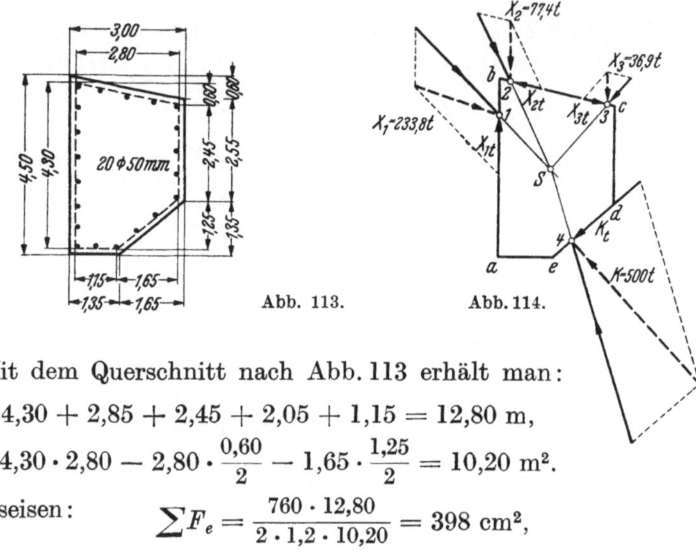

Abb. 113.   Abb. 114.

Mit dem Querschnitt nach Abb. 113 erhält man:

$$U = 4,30 + 2,85 + 2,45 + 2,05 + 1,15 = 12,80 \ \text{m},$$

$$F = 4,30 \cdot 2,80 - 2,80 \cdot \frac{0,60}{2} - 1,65 \cdot \frac{1,25}{2} = 10,20 \ \text{m}^2.$$

Längseisen:
$$\sum F_e = \frac{760 \cdot 12,80}{2 \cdot 1,2 \cdot 10,20} = 398 \ \text{cm}^2,$$

$$20 \ \varnothing \ 50 \ \text{mm} = 392 \ \text{cm}^2.$$

Die Eisen müssen an den Enden gut verankert sein, etwa wie in Abb. 110 dargestellt. Die für Biegung erforderlichen Stäbe kommen noch hinzu.

Bügel:
$$fe = \frac{398}{12,80} = 31 \ \text{cm}^2 \ \text{je m}.$$

Die Bewehrung gegen Verdrehung ist aber damit noch nicht restlos erfaßt, es muß vielmehr noch die zur Hineinleitung der angreifenden Kräfte erforderliche Umfassungsbewehrung ermittelt werden, die beim vorliegenden Beispiel eine wesentliche Rolle spielt. In Abb. 114 sind die angreifenden Kräfte K, X_1, X_2 und X_3 dargestellt (X_2 und X_3 in doppeltem Maßstab) und in je zwei Komponenten (in Richtung zum Schwerpunkt und parallel zum Umfang, wie in Abb. 95) zerlegt. Die je Längeneinheit des Querträgers hineinzuleitenden Umfangskräfte sind:

$$X_{1t} = \quad \ \ 155 \ \text{t},$$
$$X_{2t} = - \ \ 40 \ \text{t},$$
$$X_{3t} = \quad \ \ 30 \ \text{t},$$
$$K_t = \quad \ 235 \ \text{t}.$$

Diese Kräfte müssen im Sinne der Abb. 93 je zur Hälfte durch Umfassungsbewehrung hineingeführt werden. Bei $\sigma_e = 1{,}2$ t/cm² Eisenspannung erhält man daher den erforderlichen Eisenquerschnitt an den vier Angriffsstellen:

$$f_1 = \frac{155}{2 \cdot 1{,}2} = \frac{155}{2{,}4} = 65 \text{ cm}^2,$$

$$f_2 = -\frac{40}{2{,}4} = -17 \text{ cm}^2$$

(das Minuszeichen bedeutet die umgekehrte Bewehrungsrichtung),

$$f_3 = \frac{30}{2{,}4} = 13 \text{ cm}^2,$$

$$f_4 = \frac{235}{2{,}4} = 98 \text{ cm}^2.$$

Wie man aus diesen Zahlen bereits sieht, überwiegen die Eisenquerschnitte der Umfassungsbügel diejenigen der Verdrehungsbügel.

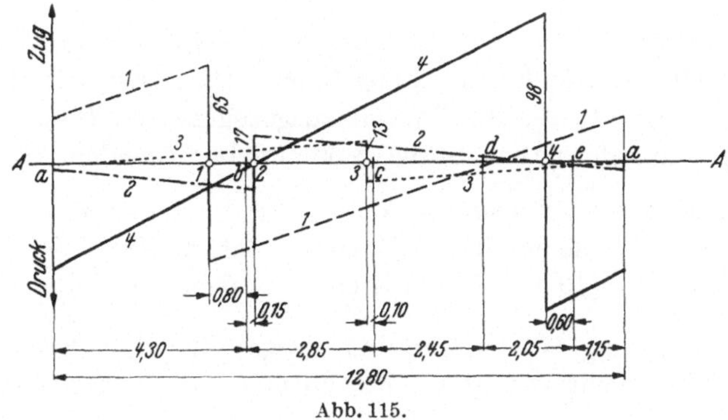

Abb. 115.

Durch Auftragen der zu den vier Angriffspunkten gehörenden linear abfallenden Bewehrungslinien über dem abgewickelten Umfang nach Abb. 115 (wie es in Abb. 96 geschehen ist) erhält man die resultierende Bewehrungslinie der Abb. 116, deren dichte Schraffur über der Schlußlinie A—A an jeder Stelle des Umfanges den dort erforderlichen Querschnitt der Umfassungsbewehrung angibt.

Der größte Eisenquerschnitt mit 103 cm² ist am Angriffspunkt 4 des Kämpferdruckes erforderlich. Diese Kraft allein erfordert dort 98 cm², eine kleine Erhöhung ist wegen der Kraft X_1 erforderlich, dessen Umfassungsbewehrung vom Punkt 1 über die Ecken a und e bis zum Punkte 4 reicht (gestrichelte Linie Nr. 1 in Abb. 115).

Die dicht schraffierte Fläche über der Schlußlinie A—A in Abb. 116 gibt für den Mittelschnitt A—A des Querträgers (Abb. 110) die erforderlichen Umfangsbügelquerschnitte an, da hier das Drehmoment $= 0$ ist. An der Einspannstelle (Schnitt B—B) kommt noch der oben ermittelte, am Umfang gleichbleibende Bügelquerschnitt mit 31 cm² hinzu. Für diesen Schnitt erhält man also den erforderlichen Bügelquerschnitt je

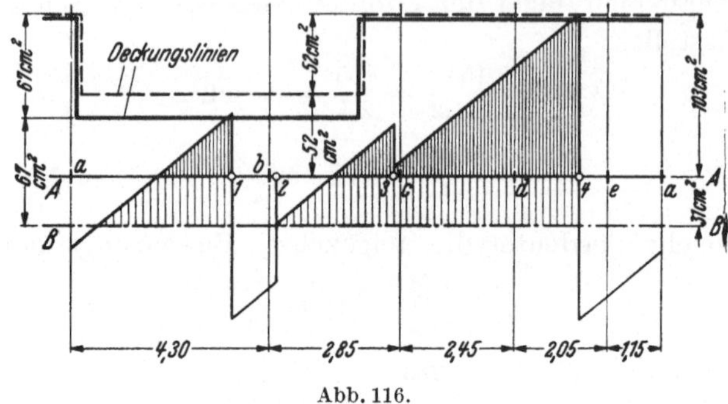

Abb. 116.

Längeneinheit des Querträgers durch Verschiebung der Schlußlinie von A—A in die Lage B—B, dargestellt durch die gesamten schraffierten Flächen.

Die Bügelformen dürfen nicht kompliziert sein, und so wählen wir die in Abb. 116 dargestellten Deckungslinien. Die gestrichelte Linie gilt für den Mittelschnitt A—A, die voll ausgezogene für B—B.

Danach sind erforderlich Stäbe $\varnothing$ 50 mm in folgenden Abständen:

für die Umfangsstrecke:	Schnitt $A-A$	Schnitt $B-B$
$a\,1\,b\,23$:	38 cm ($f_e =$ 52 cm²)	30 cm ($f_e =$ 67 cm²)
$3\,cd\,4\,ea$:	19 cm ($f_e =$ 104 cm²)	15 cm ($f_e =$ 134 cm²)

Die Bügelanordnung ist in Abb. 117 dargestellt: Die Bügelform II wird zweimal so dicht verlegt wie die Form I. Die untere Grenze des

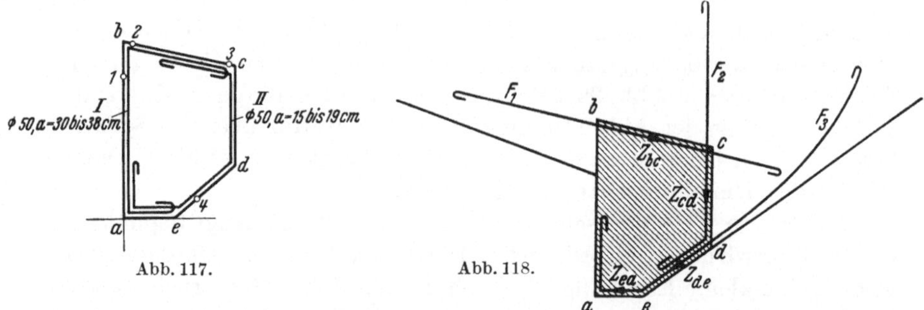

Abb. 117.   Abb. 118.

Stababstandes (15 bzw. 30 cm) gilt für die Einspannstellen des Querträgers (Schnitt B—B in Abb. 110), die obere Grenze (19 bzw. 38 cm) für die Feldmitten (Schnitt A—A).

Der nunmehr richtig bewehrte Kämpfergelenk-Querträger gibt seine Drehmomente den Bogenrippen ab. Im Sinne der Abb. 102 sind in eine der beiden seitlichen Rippen tangentiale Verankerungseisen nach Abb. 118 zur Hineinleitung des Drehmomentes zu verlegen.

Die zugehörigen Eisenquerschnitte lassen sich wie folgt ermitteln:

Die am Umfang gleichmäßig verteilten Tangentialkräfte betragen nach Formel (7)

$$\sum K = \frac{U}{t} \cdot \frac{Mt}{2F} = \frac{MU}{2F}\,.$$

Im vorliegenden Falle also

$$\frac{760 \cdot 12,80}{2 \cdot 10,20} = 480 \text{ t},$$

davon entfallen auf (vgl. Abb. 113)

Strecke bc:
$$Z_{bc} = \frac{2.85}{10,20} \cdot 480 = 2,85 \cdot 47,0 = 134\,\text{t},$$

$$F_1 = \frac{134}{1,2} = 112 \text{ cm}^2, \qquad 6 \oslash 50 \text{ mm}.$$

Strecke cd:
$$Z_{cd} = 2,45 \cdot 47,0 = 115 \text{ t},$$

$$F_2 = \frac{115}{1,2} = 88 \text{ cm}^2, \qquad 5 \oslash 50 \text{ mm}.$$

Strecke dea:

$$Z_{de} + Z_{ea} = (2,05 + 1,15) \cdot 47,0 = 150 \text{ t},$$

$$F_3 = \frac{150}{1,2} = 125 \text{ cm}^2, \qquad 7 \oslash 50 \text{ mm}.$$

Die Mittelrippe erhält das Querträger-Drehmoment von beiden Seiten (Abb. 110) und dementsprechend Hineinleitungsbewehrung in doppelter Stärke.

Es sei zum Schluß noch erwähnt, daß die Auflagerkräfte X_1, X_2 und X_3 durch die Querscheiben der Brücke ebenfalls auf die Bogenrippen übergeleitet werden müssen. Die Querwände sind gegen diese Kräfte als von Rippe zu Rippe gespannte wandartige Träger zu behandeln und zu bewehren.

Wie aus den Beispielen zu ersehen ist, kann eine Bewehrung von Eisenbetonkonstruktionen gegen Verdrehung oftmals nicht entbehrt werden, und das Verfahren hat zweifellos seine praktische Bedeutung, wenn auch die Bemessung gegen Verdrehung keine so alltägliche Aufgabe darstellt wie die Bemessung gegen Normalkraft, Biegung und Querkraft.

II. Berechnung des Eisenbetons gegen Abscheren.

Die am Eisenbeton-Kragbalken der Abb. 119 angreifende Last Q ruft (bei Vernachlässigung des Balkengewichtes) auf der Strecke a

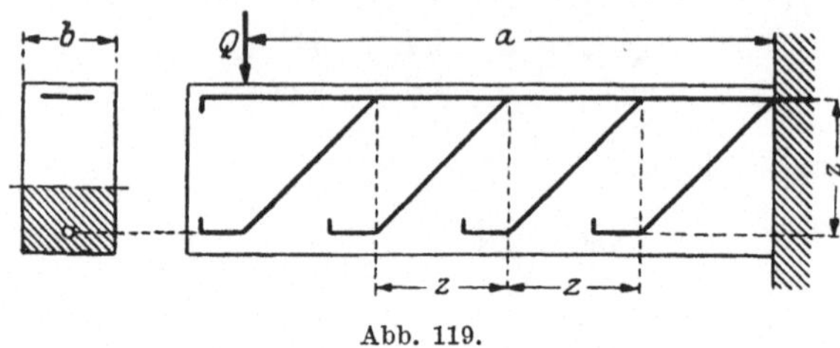

Abb. 119.

gleichbleibende Querkräfte und Schubspannungen hervor. Die durch abgebogene Stäbe aufzunehmende schräge Zugkraft ist:

$$(28) \qquad Z = \frac{\tau a b}{\sqrt{2}} = \frac{Q}{bz} \cdot \frac{ab}{\sqrt{2}} = \frac{a}{z} \cdot \frac{Q}{\sqrt{2}},$$

wobei b die Querschnittbreite, z den inneren Hebelarm bedeuten.

Folgen die Abbiegungen im Abstande z, dann ist die Stabanzahl a/z und der auf einen Stab entfallende Kraftanteil:

$$(29) \qquad Z_1 = \frac{z}{a} \cdot \frac{a}{z} \frac{Q}{\sqrt{2}} = \frac{Q}{\sqrt{2}}.$$

Aus der Abb. 119 ist ersichtlich, daß von jedem Querschnitt ein — der Kraft $Q/\sqrt{2}$ entsprechender — abgebogener Stab getroffen wird.

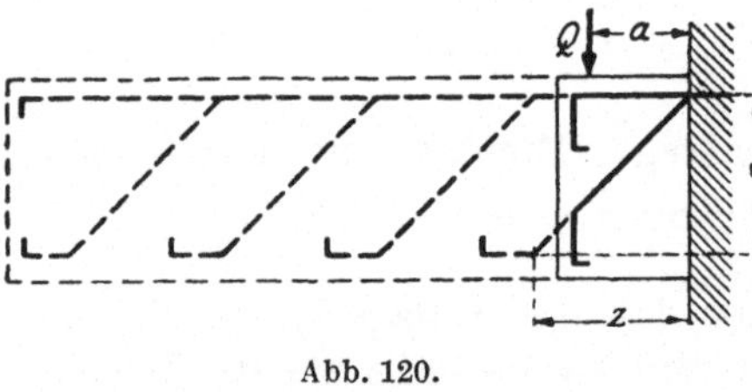

Abb. 120.

Da die Querkraft bei beliebiger Laststellung dieselbe ist, bleibt die Anordnung der abgebogenen Stäbe dieselbe, wo immer die Last steht. Daraus folgt, daß auch bei einem Hebelarm $a \leqq z$ (Abb. 120) eine für die schräge Zugkraft $Q/\sqrt{2}$ [nach Formel (29)] zu bemessende Abbiegung vorhanden sein muß. Bei einem so geringen Hebelarm ist somit die gewohnte Berechnung der abgebogenen Stäbe aus den Schubspannungen nach Formel (28) nicht mehr zulässig, da sich für die schräge Zugkraft ein zu kleiner Wert ergibt $\left(\frac{a}{z} < 1\right)$. Diese Formel ist nur bei $a \geqq z$ zu benutzen.

Der Fall $a = z$, wenn also der Bereich der aufzunehmenden Schubspannungen oder der Hebelarm der Last ebenso groß ist wie der innere Hebelarm, bildet die Grenze zwischen zwei voneinander verschiedenen Berechnungsweisen für die abgebogenen Stäbe. Dieser Grenze entsprechend wollen wir nur bei $a \geqq z$ von Schubspannungen, bei $a \leqq z$

dagegen von Scherspannungen sprechen. In dieser Sprachweise gilt dann als Regel, daß

die zur Aufnahme von Scherspannungen abgebogenen Stäbe für eine schräge Zugkraft

$$\frac{Q}{\sqrt{2}}$$

zu bemessen sind.

Es muß aber gar nicht untersucht werden, ob Schub- oder Scherspannungen vorliegen:

für die schräge Zugkraft müssen zwei Werte berechnet werden:

1. nach der gewohnten Abbiegungsformel [Formel (28)],
2. der Wert $Q/\sqrt{2}$;

zur Bemessung dient der größere von beiden.

Die Verschiedenheit in der Berechnungsweise bei Schub- und Scherspannungen kann auch anders erklärt werden:

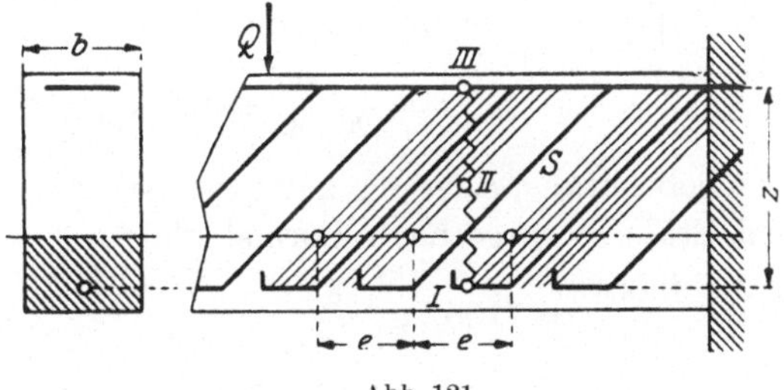

Abb. 121.   Abb. 122.

In dem gegen Schub bewehrten Balken der Abb. 121 gehört zu jeder Balkenstrecke e ein abgebogener Stab, der nach Formel (28) für eine Zugkraft

$$Z = \frac{e}{z} \cdot \frac{Q}{\sqrt{2}}$$

zu bemessen ist. Der Stab S nimmt nur die zur Strecke I—II des gezackten Querschnittes gehörenden Hauptzugsspannungen auf, die übrigen (Strecke II—III) werden durch die Verlängerung des Nachbarstabes aufgenommen. Da der lotrechte Stababstand ebenfalls e ist (45° Neigung), so werden von einem Querschnitt z/e Stäbe getroffen, und diese Stäbe nehmen eine Zugkraft

$$Z_1 = \frac{z}{e} \cdot \frac{e}{z} \cdot \frac{Q}{\sqrt{2}} = \frac{Q}{\sqrt{2}}$$

auf.

Soll nun der Kragarm von der Länge e (Abb. 122) für dieselbe Querkraft, mit demselben Eisendurchmesser, gegen Schub (Abscheren) bewehrt werden, dann wäre bei Verwendung derselben Berechnungsweise nur ein Stab — wie vorhin für die Balkenstrecke e — erforderlich. Dieser Stab nimmt jedoch nur die Hauptzugspannungen der Strecke I—II auf, und es müssen — da Nachbarstäbe nicht vorhanden sind — noch so viel Stäbe dazugelegt werden, daß die vom Querschnitt getroffene Stabanzahl, wie vor, z/e, die aufgenommene Zugkraft $Q/\sqrt{2}$ beträgt.

Die Beanspruchung auf Abscheren kommt im Eisenbetonbau nicht nur bei Konsolen, sondern auch bei Balken oft vor, wenn Einzellasten (z. B. die Stützen des oberen Stockwerkes) in unmittelbarer Nähe des Balkenauflagers angeordnet sind (Abb. 123), und bei wandartigen Trägern.

Es folgen zunächst zwei einfache Anwendungsbeispiele:

1. Belastung und Abmessungen des Kragarmes auf Abb. 124 sind:

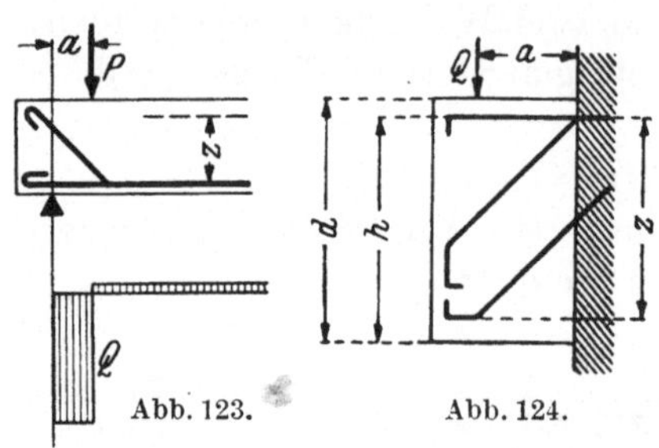

Abb. 123.　　　　　Abb. 124.

$$Q = 10000 \text{ kg},$$
$$a = 35 \text{ cm},$$
$$d = 100 \text{ cm},$$
$$h = 95 \text{ cm},$$
$$z = \sim \tfrac{7}{8}\,95 = 83 \text{ cm},$$
$$b = 20 \text{ cm}.$$

Die Schubspannung ist:

$$\tau = \frac{10000}{20 \cdot 83} = 6{,}0 \text{ kg/cm}^2.$$

Da $a < z$, so muß für Scherbeanspruchung bemessen werden; die Zugkraft der abgebogenen Stäbe beträgt nach Formel (29):

$$Z_1 = \frac{10000}{\sqrt{2}} = 7100 \text{ kg}.$$

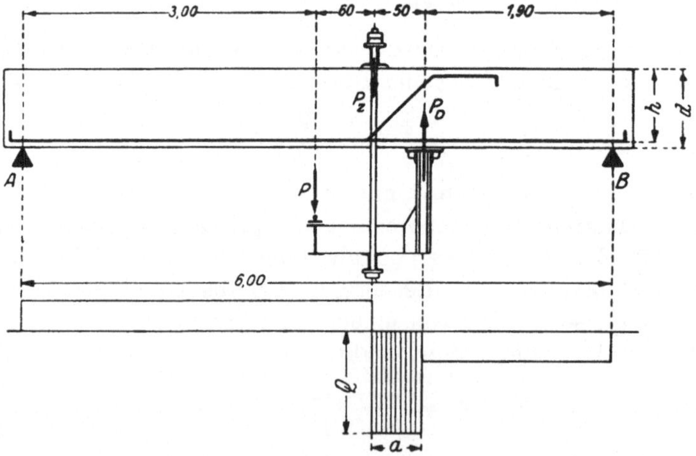

Abb. 125.

Wollte man nach der Schubspannungsformel rechnen, dann würden sich nach Formel (28) nur

$$Z = \tfrac{35}{83}\,7100 = 3000 \text{ kg}$$

ergeben.

2. Der Balken auf Abb. 125 hat eine seitlich befestigte Hängebahn zu tragen.

$$P = 9000 \text{ kg,}$$
$$P_Z = \tfrac{110}{50}\, 9000 = 19\,800 \text{ kg,}$$
$$P_D = 19\,800 - 9000 = 10\,800 \text{ kg,}$$
$$A = B = \tfrac{9000}{2} = 4500 \text{ kg.}$$

Die Querkraft zwischen P_Z und P_D (siehe Querkraftfläche) beträgt

$$Q = 19\,800 - 4500 = 15\,300 \text{ kg,}$$
$$a = 50 \text{ cm,}$$
$$d = 80 \text{ cm,}$$
$$h = 75 \text{ cm,}$$
$$z = \sim \tfrac{7}{8}\, 75 = 66 \text{ cm,}$$
$$b = 30 \text{ cm,}$$
$$\iota = \frac{15\,300}{30 \cdot 66} = 7{,}7 \text{ kg/cm}^2.$$

Da wieder $a < z$, erfolgt die Bemessung gegen Scherbeanspruchung mit

$$Z_1 = \frac{15\,300}{\sqrt{2}} = 10\,800 \text{ kg.}$$

Eine Bemessung gegen Schubbeanspruchung würde den zu geringen Wert von

$$Z = \tfrac{50}{66}\, 10\,800 = 8200 \text{ kg}$$

ergeben.

———

Die in den Abbildungen dargestellten schmalen Streifen der Querkraftfläche kommen aber selten in Reinkultur vor, sie werden vielmehr von den Querkraftlinien anderer Belastungen überlagert (Abb. 126, 128, 129). Hierbei können dann Zweifel über die Anwendungsweise entstehen. Zur Klarstellung des Verfahrens für beliebige Fälle soll daher die Frage in allgemeiner Weise erörtert werden.

Bei der Schubsicherung wird bekanntlich von einem durch die Stabachse gelegten (waagerechten) Schnitt ausgegangen. Man muß aber im Falle der Abscherung vor allem bei höheren Schubspannungen (die hier vorausgesetzt sein sollen) verlangen, daß auch die (lotrechten) Querschnitte durch Bewehrung gesichert sind[4]). Bei der Schubsicherung nach dem waagerechten Schnitt ist die zweitgenannte Forderung von selbst erfüllt, nur im Falle des Abscherens ist für den lotrechten Schnitt eine besondere Sicherung erforderlich.

---

[4]) Vgl. auch Probst: „Ein Beitrag zur Frage der Schubsicherung von Eisenbetonbalken", Bauing. 1931, S. 212, Punkt 3.

Betrachtet man den waagerechten Schnitt des Balkens der Abb. 126, so ist der auf der Strecke dx an der Stelle x aufzunehmende Schrägzuganteil

$$(30) \qquad dZ = \frac{\tau\,b\,dx}{\sqrt{2}} = \frac{Q}{b\,z} \cdot \frac{b\,dx}{\sqrt{2}} = \frac{Q}{\sqrt{2}} \cdot \frac{dx}{z}.$$

Infolge der Zugkraftrichtung unter 45° wird der lotrechte Schnitt x von sämtlichen Teilkräften dZ getroffen, die sich für eine waagerechte

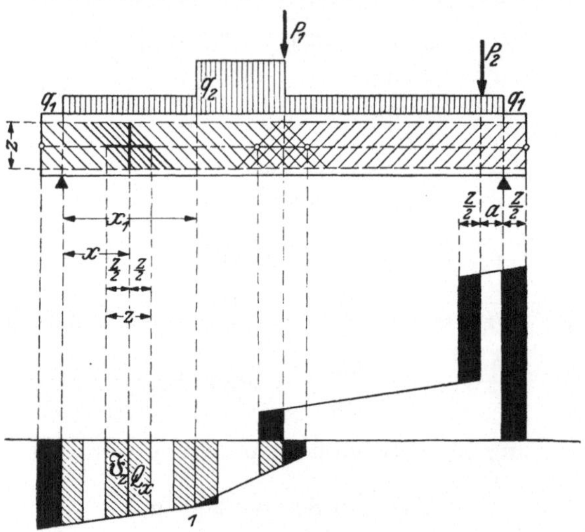

Abb. 126. Theoretische Ergänzung der Querkraftfläche (schwarz) zur Schubsicherung der lotrechten Schnitte.

Strecke z (gerechnet von $x - \dfrac{z}{2}$ bis $x + \dfrac{z}{2}$, vgl. Abb. 126) ergeben. Aus der Berechnung nach dem waagerechten Schnitt erhält man demnach für den lotrechten Schnitt eine Schrägzugkraft:

$$(31) \qquad Z_w = \int\limits_{x-\frac{z}{2}}^{x+\frac{z}{2}} \frac{Q}{\sqrt{2}} \cdot \frac{dx}{z} = \frac{\mathfrak{F}_z}{z\sqrt{2}},$$

worin $\mathfrak{F}_z$ den Flächeninhalt eines Streifens der Querkraftfläche von der Breite z darstellt.

Untersucht man dagegen einen lotrechten Schnitt an der Stelle x, ohne von dem waagerechten Schnitt auszugehen, und setzt zunächst wieder allgemein voraus, daß die Hauptzug- und Druckspannungen unter 45° verlaufen, so erhält man als aufzunehmende schräge Zugkraft nach Abb. 127 den Wert:

$$(32) \qquad Z_l = \frac{Q}{\sqrt{2}}.$$

Um zu beurteilen, ob die übliche Berechnungsart nach dem waagerechten Schnitt [Formel (31)] auch für den lotrechten Schnitt [Formel (32)] genügt, braucht man nur $\mathfrak{F}_z$ und $Q \cdot z$ miteinander zu vergleichen. Letzterer Ausdruck bedeutet einen Rechteckstreifen im Querkraftbild von derselben Breite z und von der Höhe der mittleren Querkraft Q.

Wie man aus Abb. 126 ersieht, stimmen die beiden Flächen genau überein, solange die Querkraftfläche mit einer Geraden begrenzt ist. Hierbei sind also die lotrechten Schnitte durch die gewöhnliche Rechnungsart gegen Schub bereits gesichert. Bei gekrümmten Querkraftlinien trifft dies nicht mehr genau zu, da das Rechteck $Q \cdot z$ größer oder kleiner ist als die Fläche $\mathfrak{F}_z$. Der Unterschied ist jedoch unbedeutend, auch kommt eine gekrümmte Querkraftfläche seltener vor, so daß man praktisch auf diese Fälle verzichten und sich mit der Untersuchung eines geknickten Linienzuges begnügen kann.

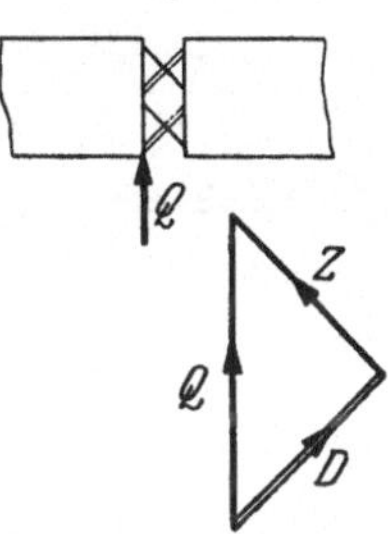

Abb. 127. Kraftzerlegung unter 45°.

An der Knickstelle *1* der Querkraftfläche Abb. 126 ist der zum waagerechten Schnitt gehörende schraffierte Querkraftstreifen $\mathfrak{F}_z$ kleiner als $Q \cdot z$, die gewöhnliche Schubsicherung reicht daher für den lotrechten Schnitt nicht aus, die Querkraftfläche muß vielmehr durch das schwarz angelegte Dreieck ergänzt werden. Sinngemäß sind auch an den anderen Knickstellen und über den Auflagern Zusatzflächen anzubringen (Abb. 126).

Diese Betrachtungsweise gilt nur für viele dünne Schrägeisen. Faßt man die Schrägzugkräfte zu größeren Einzelkräften zusammen, wie es durch die Schrägeisen erfolgt, so wird das Bild günstiger; am günstigsten bei Anordnung der Schrägeisen nach dem doppelten Strebensystem gemäß Abb. 128. Diesem Fachwerkbild entsprechend kann die Querkraftfläche in abgetreppter Form erscheinen, und es ist dann die Schubsicherung mit Ausnahme des rechten Balkenendes an jeder Stelle sowohl im waagerechten wie im lotrechten Schnitt gewährleistet. Man erhält in jedem lotrechten Schnitt (*I—I*) die erforderliche Bewehrung für die Schrägzugkraft $Z = Q/\sqrt{2}$. In der geometrischen Betrachtungsweise ist an jeder Stelle die Querkraftfläche $\mathfrak{F}_z$ von der Breite z ebenso groß wie das Produkt $Q \cdot z$. Nur am rechten Balkenende reicht die aus dem waagerechten Schnitt berechnete Schubsicherung nicht aus, da hier $\mathfrak{F}_a < Qz$ ist. Hier liegt eben der Fall des Abscherens vor, die Querkraftfläche muß im schmalen Bereich auf die Breite z ergänzt werden (schwarz angelegtes Rechteck). Dasselbe gilt für das Belastungsbild nach Abb. 129.

Ermittelt man also die Schubsicherung aus dem (waagerechten) Längsschnitt, dann ist die Querkraftfläche in der

Weise zu ergänzen, daß Flächenstreifen von der Breite $a < z$ auf die Breite z gebracht werden. Dies entspricht der einfachen Forderung, daß in jedem (lotrechten) Querschnitt eine Schrägzugkraft $Z = Q/\sqrt{2}$ aufzunehmen ist.

Es könnte eingewendet werden, daß die Annahme einer Richtung unter 45° für die Zugeisen zu ungünstig ist. Nach Abb. 130 erhält man

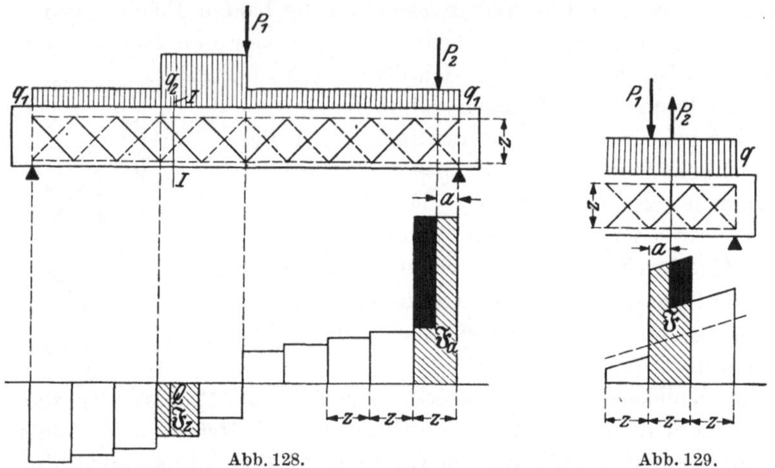

Abb. 128.   Abb. 129.

Abb. 128 u. 129. Ergänzung der Querkraftfläche (schwarz) zur Sicherung gegen Abscheren.

z. B. bei steilerer Neigung der Zug- und Druckstrebe eine geringere Zugkraft. Nun muß die Kraftzerlegung unter $\beta = 90°$ erfolgen, da sich auch die Spannungstrajektorien unter diesem Winkel schneiden; bei der steileren Annahme der Hauptdruckrichtung d würde sich dann

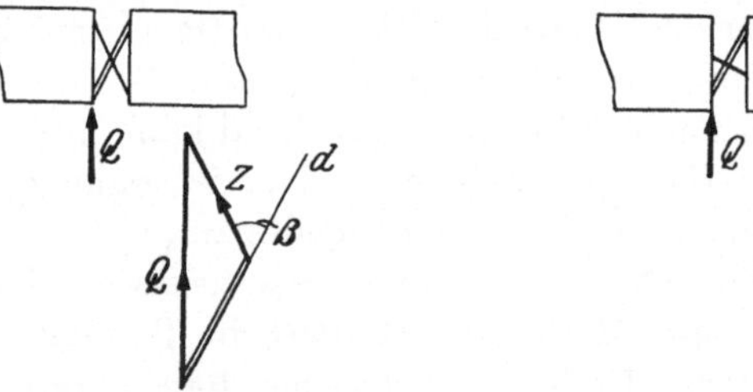

Abb. 130. Kraftzerlegung unter spitzem Winkel.   Abb. 131. Steilere Lage der Hauptdruckrichtung.

nach Abb. 131 eine noch geringere Zugkraft ergeben. Wie aus den nachfolgenden Betrachtungen hervorgeht, besteht im Falle der Scherbeanspruchung tatsächlich die Wahrscheinlichkeit, daß die Hauptdruckrichtung eine steilere Lage einnimmt als bei Schub, so daß daraus auf eine flachere Neigung und geringere Größe der Schrägzugkraft geschlossen werden könnte. Da dies jedoch bisher nicht einwandfrei geklärt ist und die Scherbeanspruchung in der Praxis außerdem meistens im Zusammenhang mit Schubspannungen auftritt — wie es die Beispiele zeigen —, sollte meines Erachtens die Richtung der Schrägeisen unter 45° auch im Falle des Abscherens beibehalten werden.

Die Darlegungen des Verfassers über die Bewehrung gegen Abscheren haben den Deutschen Ausschuß für Eisenbeton veranlaßt, Versuche über die Widerstandsfähigkeit von Eisenbetonbalken gegen Abscheren durchzuführen. Hierüber ist im Heft 80 des Deutschen Ausschusses für Eisenbeton, Verlag W. Ernst u. Sohn, Berlin 1935, berichtet worden. Das Versuchsergebnis bestätigt die von mir vorgeschlagene Bewehrungsart; in der Zusammenfassung der Versuchsergebnisse auf S. 17 des Heftes wird sie als zweckmäßig bezeichnet und empfohlen.

Zur Frage der Scherbeanspruchung ist noch folgendes zu sagen:

Mit Abscherung bezeichnet man meistens die Beanspruchung eines einzigen Querschnittes durch entgegengesetzt gerichtete Kräfte (Abb. 132) auf reinen Schub ohne Normalspannungen und folgert daraus, daß bei

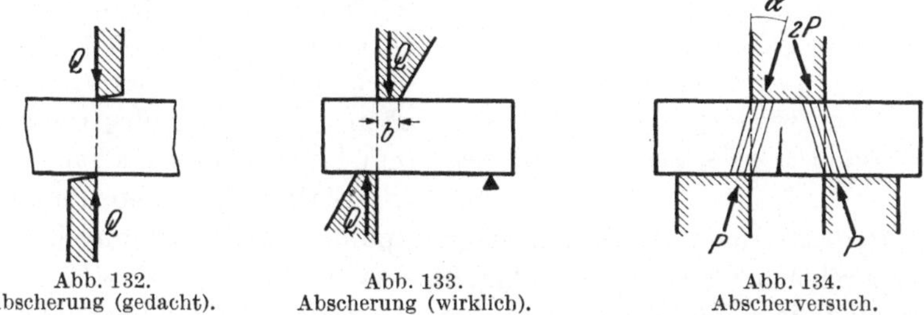

<table>
<tr><td>Abb. 132.
Abscherung (gedacht).</td><td>Abb. 133.
Abscherung (wirklich).</td><td>Abb. 134.
Abscherversuch.</td></tr>
</table>

entsprechender Steigerung der Kräfte bzw. der Schubspannungen bis zur Scherfestigkeit der Bruchriß entlang diesem Querschnitt erfolgt, da dieser Schnitt nur allein beansprucht ist. Obwohl gegen die hieraus folgende Definition der Abscherung, wonach die Scherfestigkeit diejenige größte Schubspannung darstellt, die ohne Normalspannung in einer Bruchfuge auftreten kann, nichts einzuwenden ist, so kann doch die obige Darstellung der Beanspruchungsart nur wenig befriedigen. Es ist nicht denkbar, daß die beiden Querkräfte in einer Ebene wirken (das ist ja Schneiden und nicht Abscheren), sie müssen vielmehr einen — wenn auch geringen — Abstand voneinander haben (Abb. 133), so daß dann infolge Biegung im abzuscherenden Querschnitt auch (geringe) Normalspannungen auftreten. Die Beschränkung der Beanspruchungen auf einen Querschnitt ist ebenso unmöglich; man kann nur von einem höchstbeanspruchten kleinen Bereich sprechen. Daraus kann auch nicht mehr einwandfrei auf eine Ausbildung der Bruchfuge im abzuscherenden Querschnitt selbst gefolgert werden. Die auf Abb. 133 dargestellte Scherbeanspruchung umfaßt demnach je nach der Breite b der Schneiden verschiedene Spannungszustände und ist zur Beurteilung der oben definierten Scherfestigkeit wenig geeignet, erst recht nicht für spröde Materialien mit geringer Zugfestigkeit (Beton), da sich hier zuerst Biegerisse einstellen[5]) und der Körper von da ab nicht mehr auf Abscheren, sondern infolge der durch Gleichgewicht bedingten Neigung der Kräfte auf reinen Druck (Schneidenfestigkeit)[6]) beansprucht wird (Abb. 134), wie ich dies früher schon dargelegt habe[7]).

Ein klares Bild der Beanspruchung auf Abscheren ermöglicht die anschauliche Darstellungsweise Mohrs durch Spannungskreise[8]).

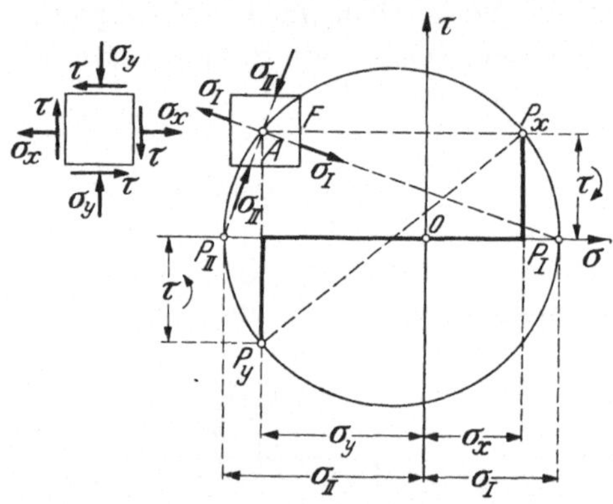

Abb. 135. Darstellung des Spannungszustandes mit Spannungskreis nach Mohr.

Für den Spannungszustand an einem herausgeschnitten gedachten Würfelelement (Abbildung 135 links) läßt sich der Spannungskreis wie folgt konstruieren: es werden als Abszissen σ_x nach rechts von O (Zug) und σ_y nach links von O (Druck) aufgetragen und als zugehörige Ordinaten τ nach oben und unten (bei σ_x nach oben, da die Schubspannung im Uhrzeigersinne dreht). Die so erhaltenen beiden Punkte P_x und P_y bestimmen als Durchmesserendpunkte den Spannungskreis. Das Körperelement wird am zweckmäßigsten im Punkt A des Kreises angenommen, da es dann ebenso situiert ist wie der daneben gezeichnete Würfel. Der von A zu P_x gezogene, zur Fläche F rechtwinklige Strahl ergibt z. B. im Spannungskreis als Koordinaten die auf die rechte lotrechte Fläche des Würfels wirkenden Spannungen σ_x und τ. Richtung und Größe der Hauptspannungen σ_I und σ_{II} ergeben sich aus den Schnittpunkten P_I und P_{II} des Spannungskreises mit der Abszisse.

In Abb. 136 sind die an der Bruchgrenze liegenden Spannungskreise (Festigkeitskreise) aufgetragen, und zwar zunächst die drei wichtigsten: die Kreise für die Zugfestigkeit (k_1), Druckfestigkeit (k_2) und Schubfestigkeit oder Verdrehungsfestigkeit (k_3). Denkt man sich noch weitere Festigkeitskreise eingetragen, dann erhält man eine Umhüllungslinie

[5]) Mörsch: „Der Eisenbetonbau", V. Aufl., I. Bd., 1. Hälfte, Stuttgart, 1920, Verlag Wittwer, S. 82.

[6]) Gehler: „Die Würfelfestigkeit und die Säulenfestigkeit", Bauing. 1928, S. 21.

[7]) Rausch: „Untersuchung der Scherfestigkeit", Dissertation zur Erlangung der Dr.-techn.-Würde an der Ung. Technischen Hochschule Budapest 1919.

[8]) Mohr: „Abhandlungen aus dem Gebiete der techn. Mechanik", Berlin 1914, S. 192.

mit der Eigenschaft, daß jeder Spannungszustand, dessen Spannungskreis die Umhüllungslinie berührt, an der Bruchgrenze liegt.

Nach der Bruchhypothese von Mohr bildet sich nun eine Schnitt-
fläche mit den Beanspruchungen σ und τ zur Gleitfläche aus, sobald
bei gleichbleibendem σ die Schubspannung τ bis zu ihrem Höchstwert
gesteigert wird. In der geometrischen Darstellung ist die Umhüllungslinie der geometrische Ort dieser zugeordneten Spannungspaare, da sie
bei gegebenem σ die größte Ordinate τ liefert. Zu jedem solchen Bruch-
fugen-Spannungspaar σ_B, τ_B gehört ein bestimmter Spannungszustand,
gekennzeichnet durch den Spannungskreis (k), der die zweiastige Um-

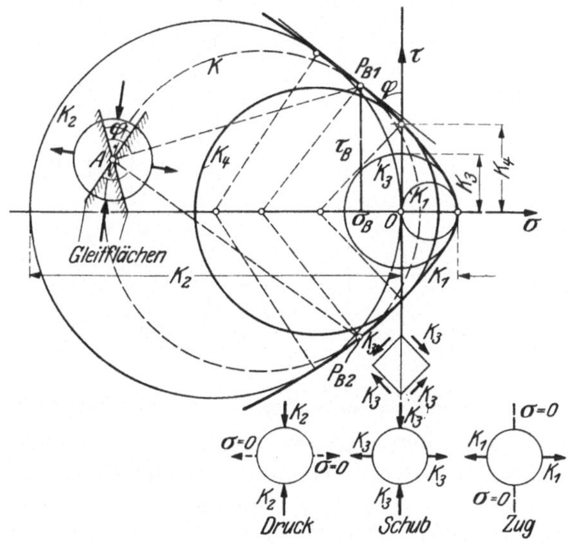

Abb. 136. Spannungszustände an der Bruchgrenze, gekrümmte Umhüllungslinie.

hüllungslinie in den Punkten P_{B1} und P_{B2} berührt, da dieser Kreis der
einzige ist, der die Punkte P_B enthält. Die Punkte P_B stellen Gleit-
flächenbeanspruchungen dar, es entstehen daher zwei Gleitflächen
(Bruchpyramide!), deren Richtungen mit Hilfe des zugehörigen Span-
nungskreises nach obiger Beschreibung konstruiert werden können
(Abb. 136). Es läßt sich geometrisch leicht übersehen, daß die beiden
Gleitflächen denselben Winkel φ einschließen wie die zu P_B gezogene
Tangente der Umhüllungslinie mit der lotrechten τ-Achse.

An Hand dieser Bruchhypothese kann zu den obengenannten drei
ausgezeichneten Festigkeitskreisen ein vierter hinzugereiht werden, der
die Umhüllungslinie im Schnittpunkt derselben mit der lotrechten
τ-Achse berührt, entsprechend einem Spannungszustand an der Bruchgrenze, bei der in der Bruchfuge keine Normalspannungen, nur Schub-

spannungen wirken, in Übereinstimmung mit der oben gegebenen Definition der Scherfestigkeit (Ordinate k_4 auf Abb. 136)[9]).

Dieser Scherfestigkeits-Spannungskreis, der einer Beanspruchungsart etwa nach Abb. 135 entspricht (die τ-Achse ist durch P_x zu denken), zeigt uns nun, daß die Neigung der Hauptdruckspannung σ_{II} steiler ist als bei der Schubbeanspruchung. Aus den oben zu Abb. 130 und 131 angegebenen Gründen ist es jedoch nicht zu empfehlen, bei der Bemessung der Schrägeisen hiervon Gebrauch zu machen. — Es ist ferner zu ersehen, daß die Scherfestigkeit größer ist als die Schubfestigkeit.

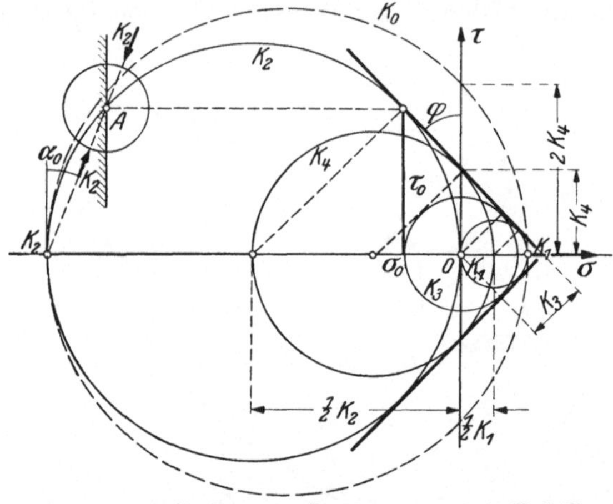

Abb. 137. Spannungszustände an der Bruchgrenze, gerade Umhüllungslinie.

Von einer Erhöhung der oberen Grenze der Schubspannungen (16 kg/cm²) im Falle des Abscherens wird man aber im allgemeinen auch keinen Gebrauch machen, da die Scherbeanspruchung von anderen Beanspruchungen überlagert wird. Bei Zugrundelegung der Coulombschen Näherungsannahme, wonach in der Mohrschen Darstellung zwischen Zug- und Druckfestigkeit eine Gerade für die Umhüllungslinie eingeschaltet wird (Abb. 137), lassen sich Schub- und Scherfestigkeit (k_3 und k_4) durch die Zug- und Druckfestigkeiten wie folgt ausdrücken:

$$(33) \qquad k_3 = \frac{k_1 k_2}{k_1 + k_2} \text{ (Schubfestigkeit)},$$

$$(34) \qquad k_4 = \tfrac{1}{2} \sqrt{k_1 k_2} \text{ (Scherfestigkeit)}.$$

Für $k_1 \approx k_2/10$ (Beton) ergeben sich $k_3 \approx 0,9 k_1$, $k_4 \approx 1,6\ k_1 = 0,16 k_2$.

Diese Werte werden nicht genau zutreffen, da eine gewölbte Form der Umhüllungslinie[10]) etwa nach Abb. 136 zu erwarten ist. Sie geben aber immerhin brauchbare Anhaltspunkte.

---

[9]) Mohr drückt sich übrigens vorsichtig aus, indem er den Wert k_4 nicht als Scherfestigkeit, sondern nur als die größte Schubfestigkeit eines Flächenelementes bezeichnet, dessen Normalspannung gleich 0 ist.

[10]) Vgl. den in Fußnote 6 genannten Aufsatz von Gehler.

Zum Schluß soll hier noch aus einer Dissertation des Verfassers[7]) die Anregung zu einer Versuchsanordnung nach Abb. 138 wiedergegeben werden, wobei ein Hohlzylinder gleichzeitig auf Verdrehung und Axialdruck beansprucht wird. Durch einen solchen Versuch kann die sogenannte Scherfestigkeit einwandfrei ermittelt werden, wenn das Drehmoment in einem konstanten, nur vom Baustoff abhängigen Verhältnis zur Achsialkraft steht. Das Spannungsbild und die nach der Mohrschen Auffassung zu erwartenden Gleitflächen sind auf Abb. 138 angedeutet. — Es können auf diesem Wege nicht nur die Scherfestigkeit, sondern durch Änderung der Verhältniszahl auch eine Reihe anderer Spannungszustände zwischen Schub- und Druckfestigkeit ermittelt werden. Hierdurch könnte der Verlauf der Umhüllungslinie, die die Anstrengungsmöglichkeiten des Materials kennzeichnet, genauer ermittelt werden. — Der Rißverlauf an solchen Versuchskörpern würde außerdem Aufschluß geben über die Brauchbarkeit der Mohrschen Bruchhypothese.

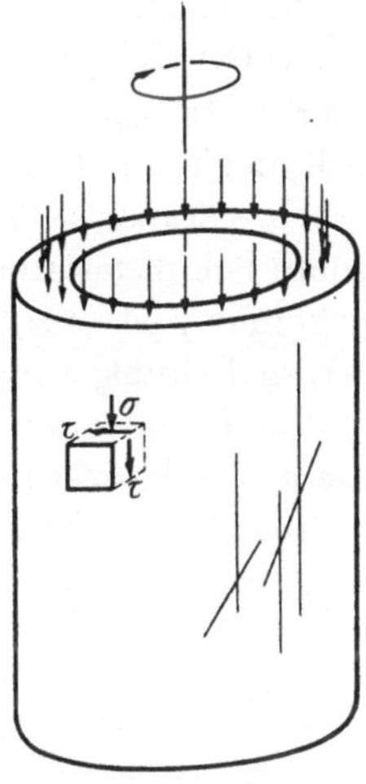

Abb. 138. Versuchsvorschlag für Scherfestigkeit und für andere Spannungszustände.

Zusammenfassung.

I. Berechnung des Eisenbetons gegen Verdrehung (Torsion).

Wird ein Betonstab beliebigen Querschnittes durch ein Drehmoment beansprucht und hierbei die Grenze der Beton-Drehspannung überschritten, dann ist eine Bügelbewehrung (Längsstäbe und in sich geschlossene Bügel) oder Spiralbewehrung nachzuweisen. Der erforderliche Eisenquerschnitt ist

bei Bügelbewehrung

für die Längsstäbe: $f_{el} = \dfrac{M}{2\,\sigma_e F}$ für die Umfangseinheit, insgesamt:

$$\sum F_{el} = \frac{MU}{2\sigma_e F},$$

für die Bügel: $f_{eb} = \dfrac{M}{2\,\sigma_e F}$ für die Längeneinheit,

bei Spiralbewehrung:

$$\sum F_{es} = \frac{MU}{2\sqrt{2}\,\sigma_e F},$$

wobei M das Drehmoment,

$\quad F$ die Querschnittsfläche des Bewehrungszylinders,

$\quad U$ den Umfang des Bewehrungszylinders und

$\quad \sigma_e$ die zulässige Eisenzugspannung

bedeuten.

Für die Praxis kommt fast ausnahmslos nur die Bügelbewehrung in Betracht.

Die obigen Formeln sind auch dann zu verwenden, wenn — wie es in der Praxis fast stets der Fall ist — außer den Drehmomenten auch Querkräfte wirken. In diesen Fällen ist außer der Drehbewehrung auch noch die bekannte Schubsicherung (gegen Querkräfte) nachzuweisen, vorausgesetzt, daß die aus Drehung und Querkraft resultierende größte Schubspannung den Grenzwert überschreitet. Um dies beurteilen zu können, ist ein graphisches Verfahren zur Bestimmung der kombinierten Schubspannung angegeben (Abb. 25).

Zur Bestätigung des Rechnungsganges sind vorhandene Versuchsergebnisse besprochen, und das Verfahren ist an praktischen (und größtenteils ausgeführten) Beispielen erläutert. — Das 12. Beispiel und der Text davor behandeln auch die zur Hineinleitung des Drehmomentes erforderliche Umfangbewehrung.

II. Berechnung des Eisenbetons gegen Abscheren.

Mit Abscheren bezeichnet der Verfasser die Beanspruchungsart eines Eisenbetonstabes, wenn die Länge a des durch Bewehrung aufzunehmenden Querkraftdiagramms kleiner ist als der innere Hebelarm z des Querschnitts. Die durch Eisen aufzunehmende Schrägkraft ist hierbei von der Länge a der Querkraftfläche unabhängig und beträgt:

$$Z = \frac{Q}{\sqrt{2}},$$

wobei Q die Querkraft bedeutet. Ist $a = z$, dann ergibt diese Formel (bei gleichbleibender Querkraft) denselben Wert wie die übliche Formel für die Schrägeisen. Bei $a > z$ ist die übliche Formel zu verwenden. Der Rechnungsgang wird an Beispielen gezeigt.

Das Verfahren wird schließlich für beliebige Querkraftlinien in allgemeiner Weise entwickelt mit dem Ergebnis, daß hierbei die Scherbeanspruchung ausreichend durch die bekannte Schubsicherung (aus dem waagerechten Schnitt) berücksichtigt wird, wenn schmale Flächenstreifen der Querkraftfläche von der Breite $a < z$ auf die Breite z gebracht werden.